マイナビ新書

地球外生命体
実はここまできている探査技術

東京工業大学 教授
井田 茂

マイナビ新書

はじめに

２０１７年2月、ＮＡＳＡ（アメリカ航空宇宙局）が大々的に「太陽系外の惑星（系外惑星）に関する重大発表」の予告をし、さらにその2カ月後に「地球外生命体に関わる重大発表」の予告をしました。

「いったい何が発表されるのか」と、専門家や天文愛好家だけでなく、世界的に注目されるニュースとして流れました。広く一般の人まで大きな期待を持つことになり、「人類が移住できる惑星が見つかったのか？」「ついに宇宙人を発見か？」というところまで話が膨らみました。

しかし、予告の後に発表内容を聞いた人々の多くは、「何だかよくわからない」という感想を抱いたのではないかと思います。それまでも「第二の地球発見」とか「火星に生命がいた痕跡発見か？」というニュースが何度も流れていて、いささか情報過多で、さらに発表された内容の何が重大なのか理解できないというのが正直なところだったと思います。

その内容がどういうものだったのかについては、本書でじっくりと解説していきたいと思いますが、実は、誇大広告ではなく、やはり重大発表だったのです。

一般の人々がそういう肩すかし感を抱かざるをえないのは当然のことなのです。地球外生命体に関する科学的な議論は、20世紀のほぼ100年にわたってタブーとして封印されていたものが、20世紀末に封印が解かれると同時に急速に展開していきました。

しかし、一般の人々にとっては、地球外生命体といえば20世紀初頭までの「宇宙人」のイメージが定着してしまっているので、100年のギャップを埋めて、現代的な考えのもとでの重大ニュースをわかってもらうのは、簡単ではないのです。

さらに21世紀に入ってからの急進展はすさまじく、今後数十年はそれが続くだろうという状態なので、科学者であっても専門分野が異なっていると、そういうニュースに十分に追従できていないという具合なのです。

天文学や惑星科学の分野では、「アストロバイオロジー（宇宙生物学）」という新しい学問が急速に立ち上がり、若い研究者を惹きつけ、膨張を続けています。地球外生命体に関する議論はタブーどころか、現時点では科学の第一級の問題になっているのです。

それと連動するように「生命の起源」に関する研究も活発になり、日本やアメリカ、ヨーロッパを中心として、アストロバイオロジーや生命の起源を追求する研究所や研究ネットワークが次々と設立されています。南米や日本以外のアジア諸国にも波及していくのは時間の問題でしょう。

気をつけなくてはいけないのは、１００年前にあったヒト型や動物型の「宇宙人」というイメージは科学の議論の場ではずっと昔に消えさっていることです。「知的生命体」の存在は否定されていませんが、そもそも「知的」とは何かということは大変難しい問題ですし、ヒト型である必要もないでしょう。生命に関する考え方は、ヒト型や動物型に限らないというだけではなく、植物やバクテリアも含めた地球の生命に囚われずに、なるべく一般的に広く考えようというように変わっています。

ならば、地球外生命体は、ぱっと見ればわかるというものではない可能性が高いので、どのようにしたら地球外生命体の存在を認識できるのかということがまずは重要となります。このあたりの話をフォローすることが、NASAの発表が一般の人々に与えた肩すかし感を解消する鍵になるのです。

生命が存在しうる条件をつきつめて考えていけば、別に地球に似た環境の惑星でなくてもよくなります。まるで地球とは違う環境だろうと推定されるけれど、生命の居住は可能かもしれない系外惑星が次々と発見されています。

また、2005年に土星の衛星「エンケラドス」の氷表面から水が噴出していることが観測され、その噴水に有機物も混ざっていることがわかりました。惑星でなく衛星でもよさそうです。はるか彼方の系外惑星でなくても太陽系内に他の生命が住んでいるかもしれず、そこに実際に行ってみて調べることも現在の科学技術で十分に可能です。期待はどんどん高まります。

一方で、地球の生命体の仕組みを熟知している生物学者は、こんな精巧なシステムを兼ね備えた生命というものの誕生が、宇宙のあちこちで起こるとは考えられないので、地球外生命体などいるはずがない、地球外生命体など議論することすら意味がないと考える傾向があるようです。

ですが、地球生命体も最初から現在のような精巧なものだったとは限りません。最初はツギハギだらけの単純なものだったのが、だんだんと地球環境に合わせて進化して精巧化していっただけなのかもしれず、そうならば、他の天体でもそこで生まれた生命がそこの環境に合わせて、地球生命体とは違った形で精巧に進化しているかもしれません。

まだ地球外生命体は発見されていませんが、その存在のサインくらいならば、あと10年、20年のうちには発見されるかもしれないという段階に来ています。

本書では、このようなエキサイティングな状況をなるべくわかりやすく伝えたいと思います。本書を読んだ後に、NASAの発表を改めて読み返してもらって、「ああすごい発表だったんだな」と思ってもらえればいいなと思います。

地球外生命体

実はここまできている探査技術

目次

はじめに　3

第1章　相次いだ地球外生命体関連の重大発表

NASAによる2つの重大発表　20
独り歩きした「第二の地球」　22
西洋文化圏では日本とは異なる反応　25
地球外生命体に関する議論がタブー視された時代　28
1995年の系外惑星の発見がターニングポイントに　35
日本では科学者さえもあまり興味を抱かず　37

第2章　なぜ地球外生命体関連の発表が続いたのか？

火星における地球外生命体の探査　44

「極限環境生物」の存在が生命体の定義を拡大　49
木星の衛星イオの火山が噴火　51
タイタンの海、エンケラドスの噴水　54
ハビタブルゾーンの系外惑星を発見　59
ハビタブルゾーンの惑星に水や有機物があまりない理由　61

第3章　宇宙の成り立ちと探査の歴史

宇宙の成り立ちのおさらい　70
太陽系ができあがるまで　72
太陽系の惑星の成り立ち　75
探査の歴史　79
日本は小天体に的を絞る　80
生命探査は一般の人の興味にも合致　83

第4章　なぜ最近まで系外惑星を観測できなかったのか？

生命の進化は偶発的な要因に左右されてきた　90
天文学における知的生命体とは？　93
系外惑星探しの始まり　95
系外惑星の観測方法の歴史　98
ドップラー法による系外惑星の観測　100
ホット・ジュピターの発見がもたらしたもの　104
切り落としたデータにあったシグナル　106
太陽系の刷り込みが系外惑星の発見を遅らせた　109
系外惑星の発見により太陽系を新たに見直す動き　112
太陽系は少数派？　主流派？　117
系外惑星の数ではなく質を観測する　119
さまざまな系外惑星の観測方法　121

最近では重力レンズ法も　124
ケプラー宇宙望遠鏡が系外惑星の発見数を飛躍的に増加　128

第5章　沸き起こった地球外生命体ブーム――異世界の生命体

生命を定義する3条件　134
シュレディンガーによる生命の定義　138
生命は平衡状態からずらす存在　141
バイキングの失敗と極限環境生物の発見　144
研究者の興味は火星からエンケラドスやエウロパにも　150
火星の生命探査における新たな方向性　153
系外惑星に適用されるハビタブルゾーンという概念　157
人間中心、地球中心の考え方からの解放　161

第6章　これからの地球外生命探査

地球外生命探査の今後の方向性　166
地下の海の中に生態系が生まれる可能性　169
巨大望遠鏡・宇宙望遠鏡　171
巨大望遠鏡によるバイオマーカー探し　175
地球外生命探査は生命を理解する鍵を握る　177
AIの進化が地球外生命探査に与える影響　179
AIが科学全体に与える影響　182
はたして宇宙人は見つかるのか？　185
知的生命体を探そう！　188
「人間原理」とダイナミズム　190
まずは実証できるところから　196
今はまだ不確かなことが実証される日は遠くない　199

大発見に対する科学の姿勢　201
おわりに　204

探査

太陽系外の生命観測

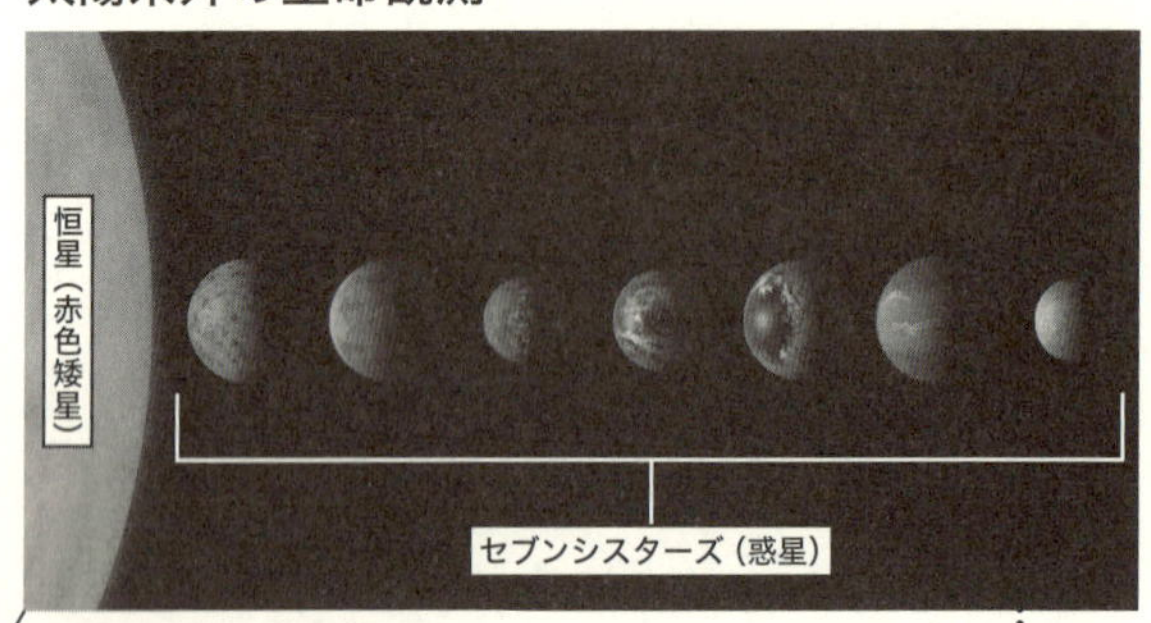

太陽系から 40 光年先にある恒星系「トラピスト1」
（CG）NASA/JPL-Caltech

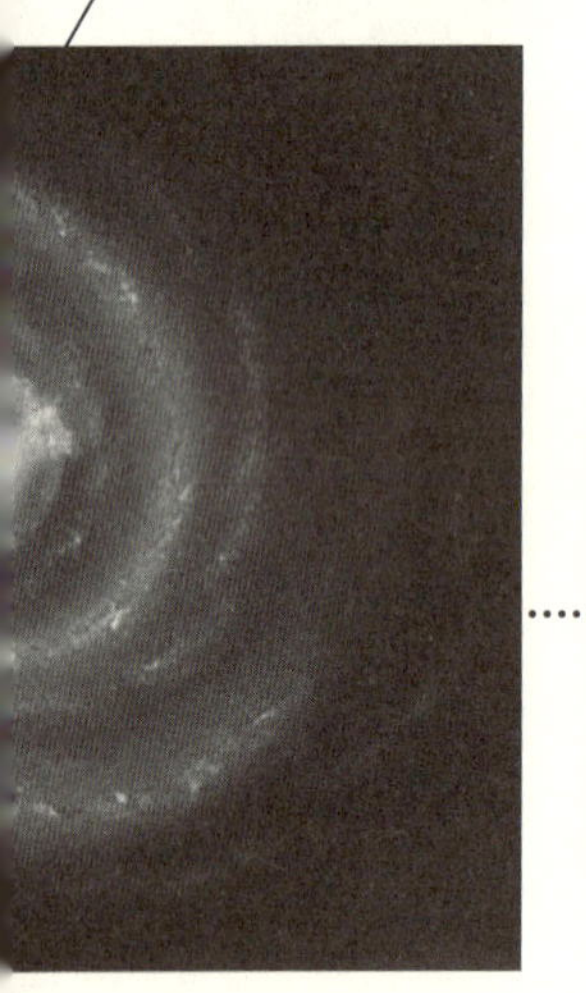

ケプラー宇宙望遠鏡

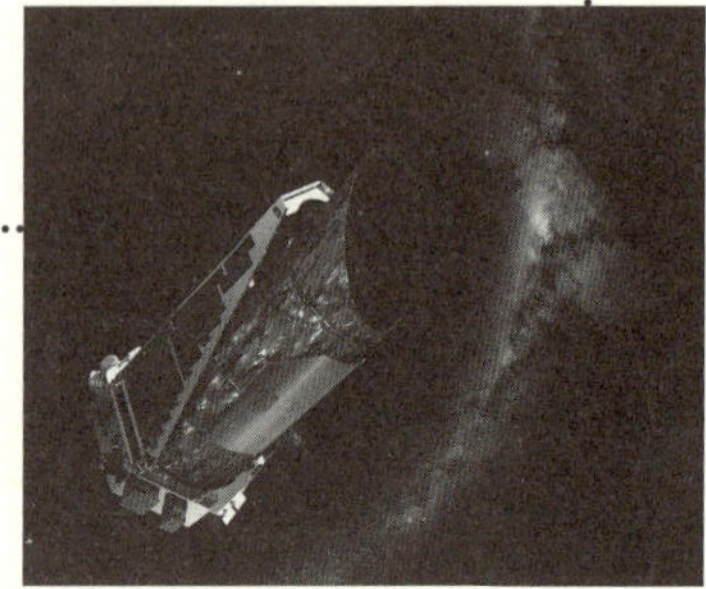

（CG）NASA Ames/JPL-Caltech/T Pyle

本書で解説する主な地球外生命体

太陽系の生命探査

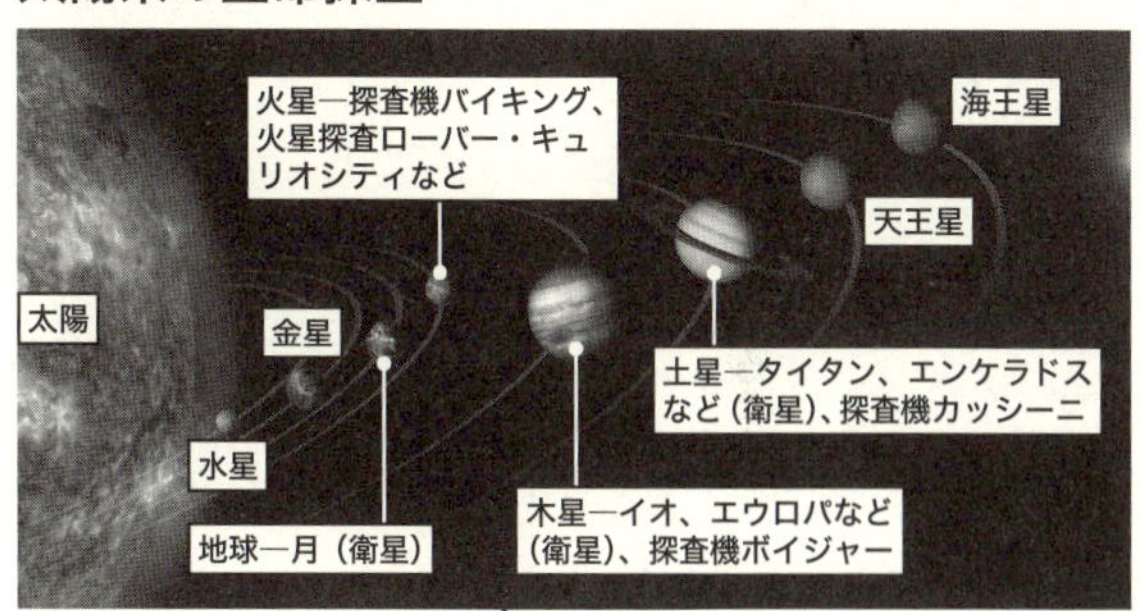

（CG）NASA

銀河系（天の川銀河）

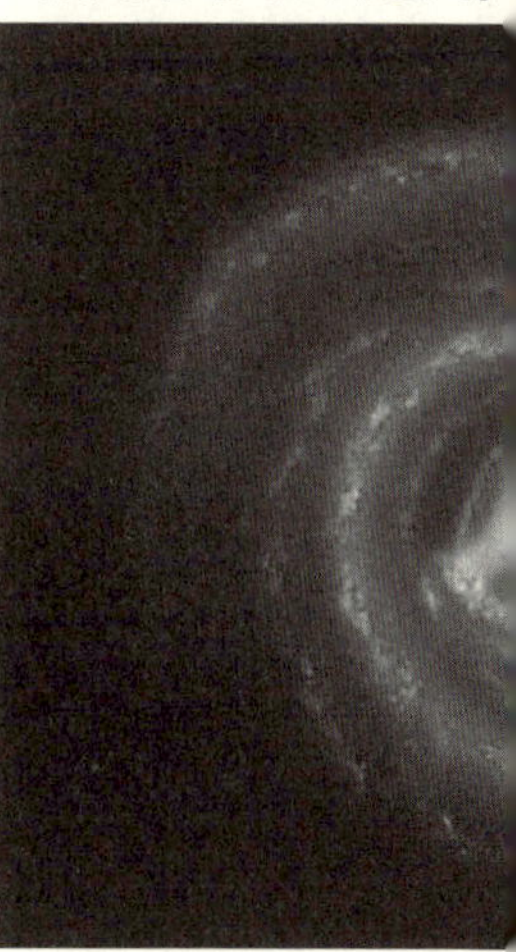

（CG）NASA/JPL-Caltech

探査機カッシーニ

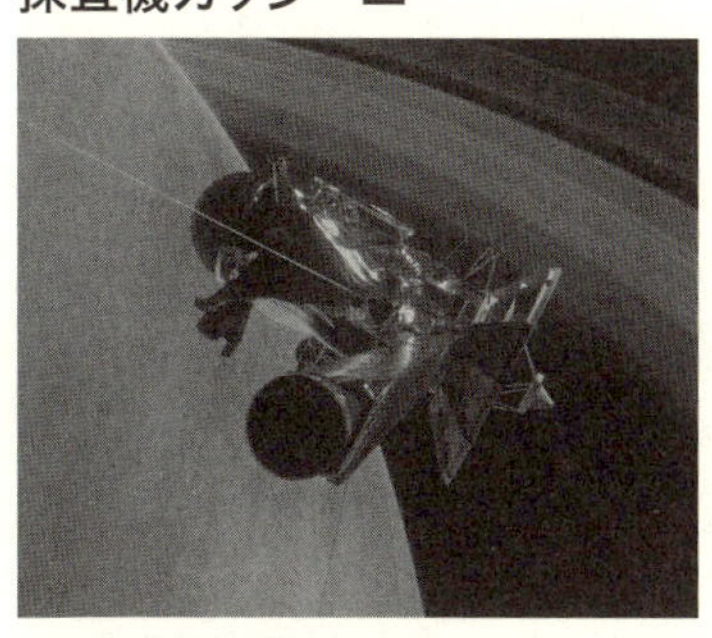

（CG）NASA/JPL-Caltech

【基本用語解説】

天体　宇宙空間に存在する、ある一定の大きさ以上の物体の総称

銀河　無数の恒星などが重力で結びついた集合体

恒星　水素・ヘリウムを主成分としたガスの塊で、中心部付近で核融合を起こして、自ら光っている。太陽もそのひとつ

惑星　ある恒星のまわりを回る天体のうち、自身が恒星ではないが、十分な質量をもつもの

衛星　惑星などのまわりを公転する比較的小さな天体

光年　光の速度で1年間進み続けて到達できる距離。約9兆4600億キロメートル

公転　ある物体が別の物体を中心にした円または楕円の軌道に沿って回る運動の呼び名。地球は太陽を中心に公転している

自転　物体がその内部の軸のまわりを回転すること

ハビタブルゾーン　中心星の放射によって決まる温度で惑星表面に海が存在してもいい軌道範囲

ホット・ジュピター　中心星のすぐそば、非常に熱いところを回っている木星型の惑星

宇宙望遠鏡　地球を周回する衛星軌道上や地球と一緒に太陽をまわる軌道上などの宇宙空間に打ち上げられた天体望遠鏡

第1章

相次いだ地球外生命体関連の重大発表

NASAによる2つの重大発表

本書の「はじめに」で述べたように、NASAは2017年前半に大々的に重大発表を2度も予告し、人々の大きな期待を集めました。

2017年2月に行われた重大発表は、地球と同じように表面に海があってもいい状況を持ち、なおかつ大きさが地球ぐらいの惑星が、ひとつの恒星系にいくつも発見された、というものでした。

これは「トラピスト1」という恒星系で、セブンシスターズなんて言われ方もしますが、地球くらいの大きさの惑星が7つくらい並んでいて、どうもその中の3つくらいは温度的に考えても表面に海があっていいような天体であるという発表です。

しかも、トラピスト1は太陽系から40光年先の恒星で、遠いと言えばもちろん遠いのですが、交信すれば40年で信号が届いて、40年で返ってくるわけです。

これは専門家にとってみれば、非常に大きな発見でした。しかし、一般の人にとっては、何が重大なのかわからず、ある種の〝肩すかし〟を感じたのではないでしょうか。

その後、同年4月にもNASAから「地球外生命体」に関連する重大発表があるという報道がありました。これも大きな話題になったのですが、結局発表されたのは、土星の衛星である「エンケラドス」から水素が噴き出しているというものでした。

エンケラドスは、それ以前から、水蒸気が噴き出していることで知られる衛星だったのですが、さらに水素も噴き出ていることが明らかになったのです。エンケラドスの地下に海があるというのはほぼ確実視されていたのですが、さらに水素が噴き出しているということは、地下の海に海底火山があり、そこで激しい熱的な化学反応が起きていることを示す確実な証拠になるのです。

しかし、この発表もまた、一般の人にとっては何が重大なのかがわからない発表だったのではないでしょうか。

独り歩きした「第二の地球」

さらに一般の人を混乱させたのは、トラピスト1の発表が行われた際に、「第二の地球発見」というフレーズが使用され、「地球とよく似た星が発見された」ということが大きくクローズアップされたことです。何をもって地球と似ているのかという解釈は後述するとして、「第二の地球」というキャッチーなフレーズのみが独り歩きして、報道されてしまったのです。

中心星であるトラピスト1は、太陽とはまるで違うタイプの恒星で、重さは太陽の10分の1くらいで、明るさは1000分の1くらいの赤外線を出すような、暗くて赤い星です。海が存在するためには、熱すぎず寒すぎず、という環境が必要なのですが、それだけ暗い星だと、中心星から適温の惑星までの距離は非常に近くなりますから、太陽と地球の距離と比べると、惑星は10分の1とか、数十分の1くらいの距離を回ることになります。

それだけ距離が近くなると、いろいろな点で地球とは異なってきます。たとえば、常に同じ面を中心星に向けて公転します。これは地球と月の関係と同じです。木星の大部分の衛星も常に同じ面を木星に向けています。大きな天体の近くを回る天体は、勝手に自転することができなくなり、必ず同じ面を向けるようになるのです。これは物理法則なので、おそらくトラピスト1の惑星も同じようになっているはずです。

いつも同じ面を向けているということは、ずっと昼の場所とずっと夜の場所があることになりますし、当然気候なども変わってきます。さらに、それだけ近づいてしまったことによって、紫外線やX線もやたら強くなるのです。

暗い星は温度が低いため、内部が流動し、それによって強い磁場が生まれ、非常に強い紫外線やX線が発生します。逆に明るい星は温度が高いため、内部が流動せず、磁場も発生しないので、紫外線やX線はあまり強くなりません。

つまり、トラピスト1の場合、もともと紫外線やX線が強いのに、さらに距離が近いため、惑星には強烈な紫外線やX線が降り注いでいるのです。強い紫外線やX線が降り注いでいるということは、もし地球の生命がそこに置かれたら、すぐに生命が脅かされるレベルで被曝してしまいます。

もちろん裏側には一切降り注ぎませんし、海の中深くに潜ってしまえば被曝を避けることができますので、生命が存在しうる可能性はたしかにあるのですが、あくまでも地球と比べると、まったく異なる環境を持つ惑星なのです。しかし、おそらくは〝海があるかもしれない〟という理由だけで、地球と似た星、「第二の地球」という言葉が切り取られ、強調されてしまったのです。

トラピスト1にせよ、エンケラドスにせよ、科学者にとってみれば、非常に重大な発表でした。そこには、生物が存在してもおかしくない環境が揃っていることが確認されたからです。特にエンケラドスは、水と有機物、そしてエネルギーの循環、そういったものがほぼ確実に存在していることが明らかになりました。

これは極めて大きな発見なのですが、なかなか一般の人にはその真意が伝わりにくい発見で、結局、「宇宙人が実在したのではないのか」という肩すかしにしかなりませんでした。

それについて我々科学者も一生懸命に説明しようとはしていますが、うまく通じていないのは事実です。逆に、このまま肩すかしの重大発表が続くことによって、だんだん興味が薄れていってしまうのを恐れているところでもあります。

西洋文化圏では日本とは異なる反応

しかし、日本ではやや肩すかしの受け止められ方をされた一方で、アメリカやヨーロッパといった西洋文化の人たちは、そのようには感じていないようです。

トラピスト1にせよ、エンケラドスにせよ、素直にすごいことだと思い、大きな話題になっています。

日本と同じように「宇宙人が実在したんじゃないのか」という反応ももちろんありますが、地球以外に、何か生物が存在するかもしれない天体が実在するということ、生命の存在が証明されたということではなく、ただそういう可能性がある天体の発見だけで大ニュースになっているのです。

この反応の差の理由は、文化的な違いにあるのかもしれません。日本の文化と西洋の文化の違い、それはやはりキリスト教文化の影響が大きいのではないでしょうか。神が作り給うた地球、イエス＝キリストが生まれた地球、それは特別な存在であるという考え方が根強く残っていることが大きな要因のひとつだと思われます。

地球以外にも天体があるし、地球は太陽系の中の中心でもなく、いろいろな惑星の中のひとつに過ぎず、太陽系自体も銀河系の中のひとつの星系でしかなく、太陽みたいな星はこの銀河系のなかに何千億個もあるのだということを、天文学はこれまで明らかにしてきました。その銀河系でさえ、無数にある銀河のうちのひとつなのだから、他に同じような存在があってもいいだろうという考え方が天文学なのです。

当然そういった議論には対立が生まれますから、それらを調和させ、対立を解消させるために、何百年にも及ぶ大論争が繰り広げられてきました。もちろん、神は万能なので、いろいろな世界を作り出すことができるんだという考え方もありますが、それなら、あちらこちらの世界にイエス＝キリストが生まれているのかと問われると、なかなか肯定できることではありません。やはりイエス＝キリストはこの地球に生まれた唯一の存在なので、その矛盾をどのように解消していくのかは、大きな文化的な関心事になります。

少なくとも19世紀までは、天文学者、物理学者、哲学者、そして宗教学者たちが最先端で議論を重ねてきた事案なのです。だからこそ、地球以外の世界が存在するか否かは、西洋文化にとっては非常に大きな関心事であり、直接的でない発見であっても非常に興味深いことがらになるのだと思います。

地球外生命体に関する議論がタブー視された時代

しかしその一方で、20世紀は、科学者が地球外生命体について一般の人に発信することが、ある意味、封印されてしまった時代で、科学者も専門的な議論をすることを控えるようになりました。つまり、地球外生命体についての議論がタブー視され、自分たちの知見を一般の人に伝えることもしてはならないことだったのです。

その原因は、20世紀のはじめにあった「火星運河論争」です。それこそ、火星にタコ型宇宙人がいるのではないかというレベルで、「火星に運河があるのではないか」という議論があったのですが、その議論を先導したのは、当時の科学者たちでした。これは当然のことで、当時は科学者でなければそんな精密な観測などできないからです。そして、天文学の一流の人たちが、「火星に運河がある」と言い出しました。

これには仕方のない部分もあります。昔は写真で撮ることができなかったので、目で見て、それを書き写すしかなかったわけですが、そうなると、どうしても脳の中を通るので、自然と先入観などが入り込んでしまいます。

それまでにも、「地球の外にも生命がいる」という議論はありました。太陽には太陽人、木星には木星人がいるのではないかという議論です。もちろん天文学者もその議論に入っていたわけですが、だんだん観測が進むにつれて、太陽の温度が高いことがわかってきたし、木星はガスの塊であることがわかってきました。

20世紀初頭に天文学者ローウェルが描いた火星の地形図
NASA

つまり、望遠鏡で見れば太陽人や木星人がいないことが一目瞭然の状況になり、可能性がドンドンと消去されていったのです。一番近い月にも大気がないことが望遠鏡で見るだけでわかってしまいました。それこそ19世紀には、金星人、火星人、木星人、太陽人の存在が議論されていたのですが、もはや可能性は火星人しか残っていなかったのです。

そして、唯一残った火星に、実は運河があるのではないかという議論が巻き起こったのですが、火星は地球への接近が2年に1度くらいしか起きないため、議論が盛り上がっても、当時は2年を待たないと検証ができませんでした。

そのため、検証にかなりの時間が掛かってしまい、10年、20年と議論が続いてしまったのですが、その期間に、さまざまな誤った情報が一般の人の間に広がってしまいました。そのため、「運河があるのであれば、知的生命体、すなわち火星人がいる」という話になってしまったのです。そして、それを広めたのは天文学者でした。

しかし、時が進み、一般相対性理論が発表された頃には望遠鏡の性能も良くなってきたので、実は運河などはどこにもなく、何かの思い込みで書き込んでしまっていたことが明らかになり、一大スキャンダルになってしまったのです。

意図していたわけではないにしても、ある意味、捏造だったわけで、なおかつ一般社会にも多大な影響を与えてしまいました。人々の心を弄んだというわけではありませんが、惑わせてしまったのは事実です。

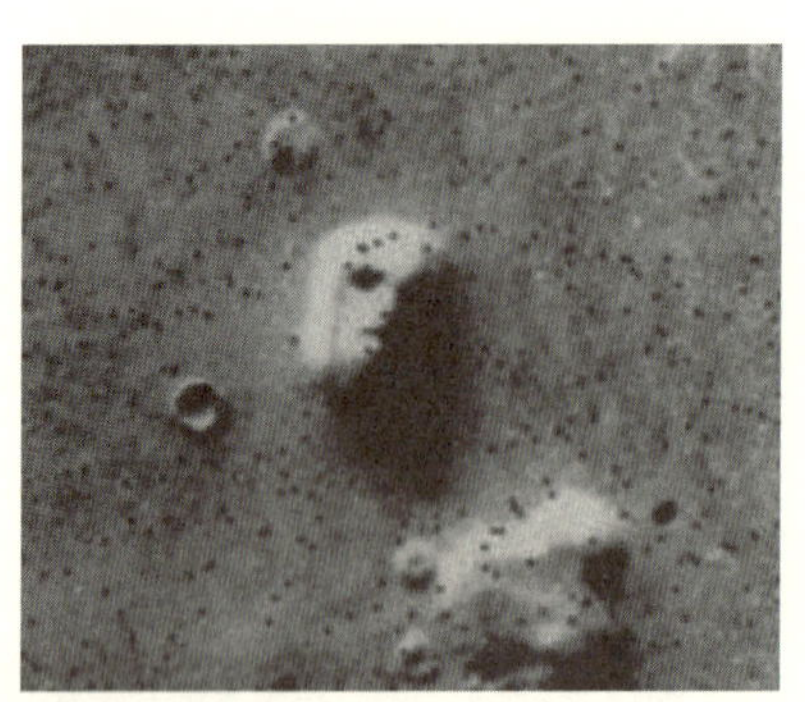

バイキング1号が 1976 年に撮影した「人面岩」と呼ばれる地形（細かい点々はデータの抜けであって、実在する点々ではない）
NASA/JPL/University of Arizona

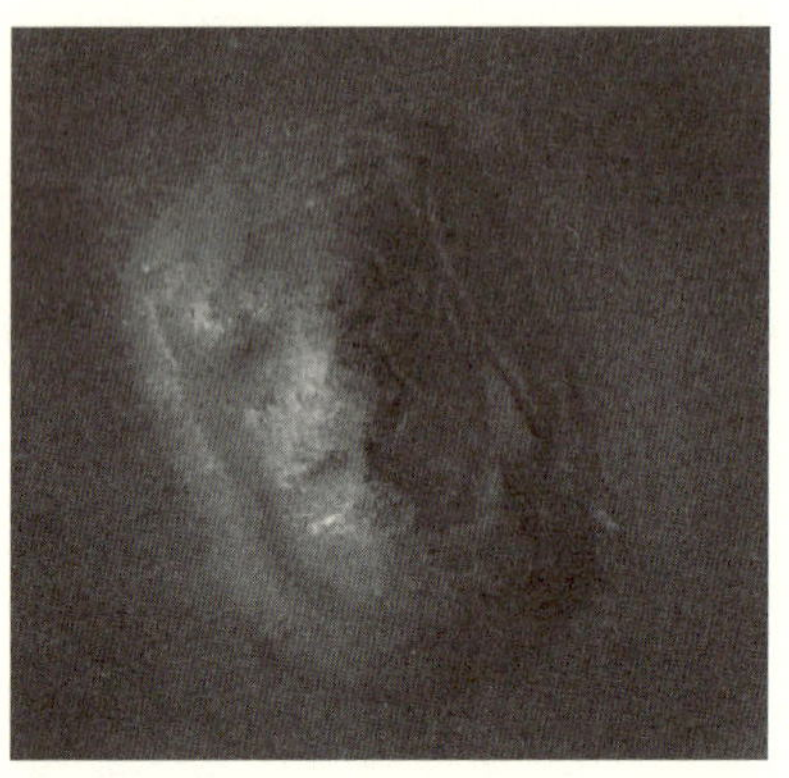

マーズ・グローバル・サーベイヤーが 2001 年に撮影した「人面岩」と呼ばれる地形の詳細な画像
NASA/JPL/Malin Space Science Systems

その反省もあって、それ以降、天文学者の口から地球外生命体の話をすることがタブー視されるようになってしまいました。筆者が大学院生の頃は、「地球外生命体の話はしてはならない」と言われていましたし、少なくとも現役の科学者が語ってはいけない議論だったのです。

そのタブーの時代に、たとえば「火星の人面岩」というものが一般の人々の関心を集めたことを憶えている人もいるかもしれません。これは1976年に火星探査機「バイキング1号」が撮影したものですが、影のできかたの具合で火星表面の岩が顔のように見えたというもので、NASAが面白いと茶目っ気で発表したと思われるものが、地球の古代遺跡と同じようにとらえられてしまったものです。

2001年に別の探査機が詳細な写真を撮って、どう見ても人工物ではないとはっきりした後でも遺跡だと注目されたりしました。このことも火星運河事件の後遺症であると言えます。

このようなことに対して、「科学がロマンを壊した」という言い方がされることがあります。しかし、月にはウサギは住んでいなくて、かぐや姫もいないということがはっきりした後も、月は妖しく美しく輝き、人々を魅了しています。そして、科学は月が地球誕生や太陽系誕生の秘密の鍵になっていることを示しました。たとえば、地球誕生の最終イベントが地球の半分くらいの直径の天体の大衝突で、それによって月も生まれたという、ドラマチックなものだっただろうということがわかったのです。

また、これからお話ししていくように、火星には地球の人間の亜流の火星人はいなかったけれど、そのことによって生命とは何かという考えは大きく拡張され、地球外生命体の探索に対する考えは刷新されました。

わたしたち人間社会をそのまま延長した形での夢はなくなりましたが、もっと深く大きなロマンが生まれているのです。ひとつの段階をクリアすれば、それよりもっと深く広大な視野が開けることが多いというのが科学の醍醐味です。

1995年の系外惑星の発見がターニングポイントに

1995年に、地球から50光年先にあるペガスス座51番星で太陽系外の惑星が発見されたことは、これまでのタブーを断ち切る、大きなターニングポイントになりました。科学は実証を積み上げ、それをみんなの共通理解にして、一歩ずつ進んでいくものです。

地球外生命体の議論が最初に始まった19世紀の頃は、今後さらに望遠鏡の技術が進んで、すぐに実証可能になると考えていました。しかし、それは実現せず、火星人の可能性も1976年の火星探査計画による探査機バイキングの着陸探査で完全に否定されてしまったのです。これによって、地球外生命体の研究は当分は実証科学になりえず、すなわち議論すべきテーマではなくなってしまいました。

研究するのは面白いかもしれないけれど、あくまでも想像だけの存在であり、確かめる術がありません。現役の科学者がいくら地球外生命体について議論しても、全体の理解に繋がらないのです。

しかし、科学者にとっても魅力的な議論なので、どうしても話したくなります。ですが、話をしたところで、何の意味もありませんから、封印され、タブー視されたわけで、特に若手の研究者に対して先輩たちがそんな議論はやめろというのは、ある意味、当然の話だったのです。

しかし、そんな状況の中、１９９５年に新たな実証の場となりうる系外惑星が発見され、２００５年には、土星の衛星であるエンケラドスで水蒸気が噴き出しているのが発見されました。

つまり実証できる場所が見つかったのです。そして、系外惑星の観測も進み、今では大気の成分までもがわかってきました。検証できるのであれば、それはもう立派な科学として成り立つということで、それまでの封印が一気に解けたのです。

以前から議論したかったテーマであったがゆえに、そこから爆発的に議論が加速し、100年のギャップを埋める発見が相次いでいるというのが、現在の地球外生命体に関する議論なのです。

日本では科学者さえもあまり興味を抱かず

1995年に初めて発見された系外惑星は、木星のような巨大ガス惑星で、地球とはまったく異なる天体なのですが、それが発見されたというニュースに対して米タイム誌は〝IS ANYBODY OUT THERE?〟(そこに誰かいるの?)と表紙で謳ったのです。

しかし、日本人にしてみれば、ガス惑星がひとつ見つかりましたくらいのことで、それほど大きな反響はなく、実際、その当時はほとんど話題にもなりませんでした。

実はそのとき筆者はアメリカにいて、系外惑星の発見ラッシュに、テレビの報道から一般の人までが熱狂している様を目の当たりにしたのです。しかし、日本に帰ってくると、一般の人どころか、科学者でさえ、そのニュースを知りませんでした。

たとえば我々も「ＩＰＳ細胞」について、メディアで報道されたから知っているわけで、別に研究者仲間から直接話を聞いたわけではありません。実際日本では、系外惑星の発見についてはほとんど報道されていなかったようで、科学者仲間も知らないし、天文学者でさえ多くの人が把握していませんでした。

銀河とかブラックホールの研究をやっている人はもちろん、ある程度近い内容のことを研究している人でさえ、「そんなニュースが流れていたような気がするけれど、またどうせガセネタでしょう」という感覚だったのです。

なぜそんなに信用されていないかというと、太陽系外の惑星、ほかの星系の惑星を発見しようという動きは、１９４０~５０年代から始まり、実際に新しい惑星が発見されたというニュースも何度か流れたことがありました。

事実、大学生向けの教科書に、今後の検証が必要だという注釈付きではありましたが、堂々と系外惑星が掲載されたこともあったのです。しかし、そのすべてが誤りでした。

何か新しい発見があると、みんなが批判を加えて、検証を重ねます。そして、その検証の先に真の発見があるのです。最初に誰かが何かを言い出さないと、研究は何も進みません。たとえ結果としては誤りであっても、誤った発表をすること自体は決して非難されることではないのです。

しかし、あまりにも誤りの発見が続き、さらに間の悪いことに、1990年代に入って、パルサーというブラックホールになりきれなかった天体に惑星が発見されたのですが、それも1年後くらいに「誤りでした」という発表があったばかりだったのです。

しかも、日本には系外惑星を探している研究者が当時は1人もいなかったので、当然のごとく、それを検証する人もいませんでした。実は世界でもほんの数グループしかなく、グループといっても、教授と学生の2人が片手間にやっているというチームが世界にいくつかある程度だったのです。

とはいえ、アメリカには細々と研究を続けているチームがありました。なので、最初に系外惑星を発見したのはスイスのチームだったのですが、アメリカでもすぐに検証が行われたのです。

その検証を行ったチームが、非常にすばらしい観測テクニックを持っていることが知られた存在だったこともあって、その発見の信憑性も一気に高まりました。それでももちろん、多くの批判が加えられ、大論争が巻き起こったのですが、すべての批判が否定されるに至り、そこから爆発的に系外惑星の観測が盛り上がったのです。

結局、日本において系外惑星が広く認知されたのは5年ほど月日を経てからでした。日本には研究している人も少なかったのに加え、全体的に懐疑論が多かったのも、認知が遅れた理由のひとつといえます。

イギリスも系外惑星に対しては同じように慎重な態度をとっていたので、今でこそケンブリッジ大学などで観測が行われていますが、最初の5年くらいは非常に冷淡な反応でした。

もちろん、そういった態度は決して悪いことではなく、何かが発見された際は、一気に飛びつく人も必要ですが、冷静に一歩引いてみる立場も重要になります。その意味では、ほかの分野においても日本やイギリスは一歩引いて、わりと冷静な立場をとる傾向があります。なぜ日本とイギリスなのかはわかりませんが。

第2章

なぜ地球外生命体関連の発表が続いたのか？

火星における地球外生命体の探査

ＮＡＳＡが２０１７年に大発見として発表したのは、トラピスト1の系外惑星と土星の衛星であるエンケラドスについてですが、火星についての発表もかなりの頻度で行われています。

１９７０年代には探査機バイキングが火星で生命探査を行いましたが、あまりにも地球の生命に似た生命体をベースにした探査になってしまったため、空振りに終わってしまいました。

その後、火星での探査はやや下火になったのですが、１９９６年に火星から飛んできた隕石「アラン・ヒルズ８４００１」の中に、微生物の化石のようなものが含まれており、さらに生命がいてもおかしくないような状況証拠が揃っているという発表が行われたのです。当時のクリントン大統領が同席する大々的な発表でした。

隕石「アラン・ヒルズ 84001」の断面を電子顕微鏡で拡大した写真　NASA

現在においても、それが本当に生命の化石かどうかの決着はついていませんが、バイキングの失敗によって盛り下がっていた火星の生命についての議論が、これを機に、もう一度見直されるようになりました。

その後、2004年には「オポチュニティ」と「スピリット」という2台のローバー（探査車）が火星探査を開始したのに加え、2012年には「キュリオシティ」というかなり大型のローバーが火星に降り立ち、写真を撮るだけではなく、実際に土や岩石の採取を行いました。

これは、バイキングのように生命そのものを探すのではなく、生命が存在していてもおかしくない環境にあったかどうかを調べるために行われたのです。

現在、火星の表面に水はありませんが、昔はあった可能性が高く、地下にはまだ水があるかもしれないということがわかってきました。そういったことを総合して考えると、昔の火星にはおそらくかなりの水があり、何か生命がいたかもしれない。そういう可能性が出てきたのです。

その可能性を検証するために、実際に現地で調べているのがローバーによる探査なのですが、粘土鉱物と呼ばれる、水がなければなかなか生成されない石が発見されたほか、バイキングには見つけられなかった有機物も、キュリオシティによって発見されました。

かなり専門的な話になりますが、かつての火星には表面に酸素があったかもしれない可能性を意味する、酸化した石なども発見されています。さらにクレー

キュリオシティの自撮り（CGではなく実際の写真）
NASA/JPL-Caltech/MSSS

ターの崖から、何か液体のようなものが流れ出ている写真が撮られ、有機物を作るのに重要なメタンがときどき表面に滲み出ていることもわかってきました。

つまり、最近の探査では、現在の火星に生物がいるかどうかではなく、少なくとも過去には火星に何かが住んでいた可能性があるということが明らかになってきたのです。

それに対して、何か決定的な証拠を掴みたいというのが現在の課題なのですが、決定的な証拠というのは、何か動いているものを捕まえるということではなく、生命がかつて存在した、もしくは現在も地下にいるとしか考えられないような大気成分や岩石を見つけることで、今はそういった考え方が主流になっています。

今後もどんどん火星に探査機が送られる予定になっているので、いつか何らかの手がかりが掴めるかもしれません。少なくとも、過去に30億年前とか40億年前の火星は、何らかの生命がいたとしてもおかしくない環境であったことがわかってきているのです。

「極限環境生物」の存在が生命体の定義を拡大

火星は昔から地球の兄弟星のように捉えられていたこともあり、環境や生命についても、地球からのアナロジー（類推）で考えられ、探査もその考え方に沿って行われていました。地球と同じような環境、我々がよく目にする生物、動物だったり植物だったり、がイメージされていたのですが、徐々にその考え方も変化してきました。

そういった考え方が変化した要因のひとつとして、1970年代の深海生物の発見が挙げられるかもしれません。

海の中、何千mという、真っ暗で、生物など絶対にいそうもない環境に生物がいることが潜水艇によって発見されました。それだけでも大発見なのですが、海底火山による熱水が噴き出しているようなところのまわりにも生物がいることがわかったのです。

そのあたりは、とんでもない圧力がかかっている場所なので、熱水はおそらく摂氏３００度にも達していると思われます。熱水そのものには生物は住めませんが、我々の常識からは考えられない環境に生物が存在したのです。

この発見によって大きな認識の変革が起こりました。深い海や深い地下の岩の中、砂漠、氷河といった我々にとって極限の環境に「極限環境生物」と呼ばれる生命が存在することが認識されたことによって、生命について議論する際は、我々がいわゆる陸上の生命に対して抱いているイメージからは切り離して考えることが必須になりました。

地球外生命体というと「宇宙人」をイメージする人が多いかもしれません。実際、生命体イコール人間、ないしは動物といった認識になってしまいがちですが、もちろん植物も生命体ですし、微生物やバクテリアも生命体です。そして、極限環境生物の発見によって、生命体の定義が、これまで以上に広がったのです。

木星の衛星イオの火山が噴火

探査機「ボイジャー」が木星の衛星を探査した際、衛星のひとつである「イオ」において、火山が噴火するのを観測しました。その発見自体も大きな驚きだったのですが、このことはさらなる発見の伏線になりました。

なぜイオに火山があるのかというと、木星の重力によってイオの内部が絶えず攪拌（かくはん）され、変形させられることによって、摩擦熱が生じているからです。これは地球において潮の満ち引きが起きるのと同じ理屈で、地球も月や太陽の重力によって絶えず変形させられています。太陽の質量は大きいのですが、かなり遠いので、近くにいる小さな月と同じ程度の変形を引き起こしています。

それが木星のような巨大な惑星のそばにある衛星で起こるとどうなるか。常に大きく揺らされるため、すごい熱が発生するのです。逆に、なぜ月に熱が発生し

イオの火山噴火（CGではなく実際の写真）
NASA/JPL-Caltech

ていないかといえば、月が地球に近いため、地球の重力の影響で自転と公転が同期して、月の変形が固定されてしまっているからです。

　変形が固定されてしまうと熱は発生しません。しかし、イオの場合、木星だけでなく、さらに外側にある「エウロパ」や「ガニメデ」といった衛星の重力も影響するため、軌道が常に乱され、変形が固定されることなく、ものすごい摩擦熱を発生させているのです。

もし月以外にも地球に衛星があれ

ば、同じことが起きたかもしれません。

イオに火山が発見されたことによって、その外側にあるエウロパでも同じことが起こっているのではないかという予測が立てられました。イオは岩石でできた衛星なのですが、エウロパは表面が氷で覆われています。

つまり、イオと同じことがエウロパで起こっていれば、その内部では氷が溶けて水になっているのではないかと考えられたのです。議論を重ねることで、たしかに地下には水があるかもしれないと考えられたのですが、それを表面から観測することはできません。

つまり、地下に水があることを証明することができなかったのです。いつかエウロパに探査機を飛ばして、ドリルで穴を開けて調べようなんて議論もありますが、その時点では、夢物語であり、実証することはほぼ不可能な状態だったのです。

タイタンの海、エンケラドスの噴水

しかし、2004年に「カッシーニ」という探査機が土星のリングを観測しに行った際、「タイタン」という衛星も同時に探査しました。タイタンは窒素大気に覆われていて、地球からは表面を観測できないのですが、翌2005年に探査機を降ろして写真を撮ってみると、入り江がある海のような光景が広がっていたのです。

水は完全に凍ってしまっているはずなので、入り江があるということは、水以外の何らかの液体に浸食されていることになります。そこで、メタンのような地球の温度では蒸気になってしまう物質が、あまりにも温度が低いため、液体になって存在しているのではないかと考えられました。

これは非常にインパクトのある発見で、それならば、その海に何か生命のよう

土星の衛星タイタンの表面（CGではなく実際の写真）
NASA/JPL-Caltech/ASI

なものが存在するのではないかという議論も始まりました。しかし、メタンの海という超低温状態に存在する生命というのは、もはや我々の想像の域を超えていますす。何かが存在するかもしれないが、それを認識することはできるのか。依然として議論が続いています。

タイタンの入り江は、写真に撮られたこともあり、大きな話題となったのですが、天文学者にとってさらに大きなインパクトを与えたのは、直径500キロメートルくらいの氷の衛星エンケラドスで、氷の割れ目から蒸気が噴き出しているのが発見

土星の衛星エンケラドスの氷表面の割れ目から噴出している水（CGではなく実際の写真）
Cassini Imaging Team/SSI/JPL/ESA/NASA

されたことです。
　想像もしていなかったことが写真に写っていただけに、あまりにも驚きが大きく、この蒸気を調べるためにわざわざカッシーニの軌道を変えて、蒸気の中に突っ込ませたのです。調べてみたところ、それは紛れもない水蒸気で、なおかつ有機物が混じっていました。

　エンケラドスも内部が攪拌されて熱が発生しており、地下の海の水が蒸気となって、外に噴き出していたのです。残念なことに、カッシーニではそれ以上の分析は不可能でした。まさかそんなものが観測できるとは思っていなかったので、簡易的な装置しか搭載していなかったのです。

とはいえ、水があることはわかりましたし、有機物が混じっていることもわかりました。さらに、ナノシリカと呼ばれる、非常に高温な状態でしか生成されない鉱物や、水素が混じっていることもわかり、これによって、内部で酸化還元反応が起こっていることがほぼ確実になったのです。

そして、エンケラドスで起こっていることが、木星の衛星「エウロパ」でも同じように起こっているのではないかという予測のもと、「ハッブル宇宙望遠鏡」で観測したところ、エンケラドスほど頻繁ではないものの、やはりエウロパでも水蒸気が噴き出しているのが観測されたのです。

あくまでも地球からのアナロジーで地球外生命体について考えたバイキングの時代とは異なり、水があって、有機物があって、ある種の化学反応が進むようなエネルギーの出し入れがあって、化学反応が起こっているような環境——生命体とはそのシステムのひとつの要素であるという考え方が主流になってきているのですが——少なくともエンケラドスはそのすべてを満たしていたのです。これはもう紛れもない事実なので、今後はそこに生命探査のための探査機を打ち上げようという議論が進んでいます。

ただ、それならばさっさとロケットを飛ばせばいいじゃないかという話になるのですが、そんな簡単な話ではありません。

ボイジャーやカッシーニの時代は、原子力電池を利用していましたが、昨今は、原子力ロケットを飛ばしにくくなっています。原子力を使わずに飛ばすとなると、さらに高い技術が必要になります。イオンエンジンや太陽光を使ったシステムなど、さまざまな方法が考案されています。

ハビタブルゾーンの系外惑星を発見

１９９５年に木星型の系外惑星が発見されて以来、次々と新たな系外惑星が発見されました。１９９５年の時点で、観測技術はすでに高いレベルに達していたので、木星よりももっと小さい惑星を発見することも可能でしたし、発見数に比例して、研究者の予算も増えたので、特別な技術革新がなくても、観測装置の性能が上がりました。その結果、２０１０年くらいには、地球サイズの惑星を発見することも可能になりました。

一番近い系外惑星として、４・２５光年先の「プロキシマ・ケンタウリ」という太陽の隣にある恒星に、地球サイズの惑星が回っていることが発見されました。しかも、ただ地球と同じくらいの大きさというだけでなく、〝ハビタブルゾーン〟と呼ばれる、温度的に表面に海があってもよいような距離にある、中心星から近すぎず遠すぎずの地球型惑星が、プロキシマ・ケンタウリを含めて、続々と発見されました。ここでいうところの地球型惑星は、地球サイズの岩石惑星を意味しているのですが、そういった惑星は、決してレアな存在ではなかったのです。

ただ、太陽のような恒星のハビタブルゾーンを回っている地球型の惑星は依然として観測されていません。現在の観測技術では、地球サイズの惑星に関しては恒星の近くを回るものを見つけるのが限界なのです。しかし、太陽よりももっと暗い恒星の場合、そのような恒星の近くの場所がハビタブルゾーンになるのです。

系外惑星は、惑星が回ることによって起こる中心星の首振り運動を「ドップラー効果」を利用して観測することで間接的に発見します。ドップラー効果というのは、救急車が近づいてくると音が高く、遠ざかると低くなることで知られている現象ですが、これと同じことが光にも起こるのです。

光の場合、近づくと青く（波長が短く）、遠ざかると赤く（波長が長く）見えるのですが、この色の変化は、惑星の回るスピードによって決まります。地球が

1年で太陽のまわりを1周するのに対して、木星は十数年かけて1周します。中心星に近ければ近いほど、この速度が上がるため、変化も容易に観測することができるわけです。

最近では惑星による中心星の食を利用する方法、一般相対性理論による重力レンズ現象を利用した方法、直接撮像法などでも系外惑星が発見されています。それについては第4章で詳しく説明します。

ハビタブルゾーンの惑星に水や有機物があまりない理由

地球と比べて、中心星も異なれば、環境もまったく違う惑星でも、エネルギーの出し入れはあります。そして水もあるかもしれません。中心星が誕生した際、最初はまわりを円盤状の雲が取り巻いていて、太陽に近いところはすべて蒸発してしまうのですが、温度の低いところでは石や氷が凝縮して惑星が誕生します。

地球のように表面に海が存在してもいい軌道範囲、これを「ハビタブルゾーン」と呼んでいますが、ここに問題があります。

第3章で詳しく説明しますが、惑星は中心星のまわりに一時的に形成されるガス円盤の中で形成されます。そのガス円盤は非常に希薄で圧力が低いため、ハビタブルゾーンでは氷が凝縮せずにすべて蒸発してしまいます。さらに温度が下がれば氷も凝縮するのですが、ハビタブルゾーンでは凝縮しません。

そのため、地球を作った材料物質には水成分が含まれていなかったはずなのです。つまり、なぜ地球に水があるのかは、今も解明されていない謎のひとつになっています。

ただ、考えてみれば、このことは現在の地球の成分をよく説明します。地球には、ほんの薄皮一枚分くらいしか水がありません、地球の半径6400キロメートルのうち、海の深さはほんの4キロメートルにすぎず、海の総量は重さでいうと0・02パーセントしかないのです。

一方、地下の岩石にはあまり水がしみこまないことがわかっているので、地球全体での水の量はせいぜい0・1パーセント、どう頑張っても1パーセントを超えることはないと考えられています。地球を作った材料物質には水成分が含まれていなかったけれど、何らかの形で後から氷が少量加わったと考えれば、つじつまがあうのです。もし地球の位置で氷が凝縮したのであれば、大半が水になっているはずです。

ですが、はたして何が地球に水をもたらしたのかは今も大きな謎で、氷を持った小惑星がぶつかってきたのか、ほうき星なのか、さまざまな説が提唱されていますが、まだよくわかっていません。

一方、太陽よりも暗い恒星は全体的に温度が低いため、ガス状の円盤のかなりの部分で氷が凝縮します。そうなると、氷が凝縮しない場所でできた惑星にも、かなりの確率で後から水が運ばれてくるはずです。つまり、とんでもなく深い海ができる可能性も高まるのです。

その意味では、地球はかなり微妙な状態で、もう少し水が少なければ、窪地に水が溜まっているだけのほぼ陸地だけの星になりますが、もう少し水が多ければ、地表が完全に海に覆われて陸地がまったくなくなってしまうという、かなりギリギリのバランスの上に成り立っているのです。

それに対して、暗い恒星であるトラピスト1の惑星には、地球よりもたくさんの水が運ばれている可能性が高いので、陸がない海だけの惑星になっているかもしれません。それがどの程度のものかは、今のところは想像するしかないのですが、少なくとも、場合によっては海がなかったかもしれない地球とは違い、水が大量にある可能性が高いといえます。

それは有機物も同じことで、有機物の原料となるメタンや二酸化炭素、一酸化炭素と聞くと、普通はガスを想像します。つまり、いずれも蒸発しやすい物質なのであり、通常、気体である物質は、そこで地球のような惑星が作られても、取り込むことができません。凝縮して固体になる必要があるからです。

そういう意味では、なぜ地球に有機物があるのかもわかっていないのです。実際、地球にある炭素や窒素の量は、太陽から推測される本来あるべき量と比べると、1000分の1から10000分の1くらいしかありません。元々あった炭素や窒素のほんの一部だけが、何かの形で取り込まれたのだと推測されています。

この宇宙には、酸素や窒素や炭素といった元素は、宇宙の最初に作られる水素やヘリウムが恒星内部で核融合することで作られるので、豊富にあります。それがさらに融合することで、マグネシウムができたり、鉄ができたりするのですが、地球には、炭素や窒素がほんの少ししかありません。地球の大気のほとんどは窒素で構成されていますが、蒸発しやすいので大気中に充満しているだけで、総体量はすごく少ないのです。

逆に暗い恒星だと、そのまわりに作られた円盤の全体の温度が低いため、窒素や炭素の固体が作り出され、そこでできた天体に運ばれます。地球になぜ水や有機物があるのかは、いまだによくわかっていないのですが、トラピスト1やプロキシマ・ケンタウリといった暗い恒星のハビタブルゾーンにある惑星は、地球よりもっと水や有機物に富んでいる可能性が高いといえそうです。さらにエネルギーもあるわけで、それなら何か生命が存在するのではないか。そんな議論が盛り上がってきています。

そんな遠くにある天体に生物がいるかどうかを実際に確かめることは現状では不可能ですが、大気成分の観測はできつつあります。生命が存在すると、それを反映した大気成分になるという考えがあり、たとえば地球の場合、大気中に酸素が含まれていますが、この酸素は、光合成生物が吐き出した廃棄物なのです。つまり、生物がいなければ酸素はないはずなので、酸素があるということは、そのまま生物がいることの証拠になるのです。

こうして、かつて存在したと思われる火星の生物、エンケラドスの氷衛星の地下にいる生物、系外惑星の生物、それぞれ今後、何らかの形で実証なり検証なりができる可能性があり、非常に議論も盛り上がっています。

単純に「宇宙人を捕まえました」という話ではなく、その意味では直接的な話ではないかもしれませんが、何らかの地球外生命体がいるのではないかという強い証拠、あくまでも状況証拠ではありますが、そういった証拠が、ここ10年の間に、続々と発見されているのです。

第3章

宇宙の成り立ちと探査の歴史

宇宙の成り立ちのおさらい

宇宙は階層構造をなしています。宇宙には大規模構造と呼ばれる銀河の分布の濃淡がどこまでも同じような文様で続いています。銀河の塊は銀河団と呼ばれ、各銀河は銀河団の中心をぐるぐる回っています。それぞれの銀河は無数の恒星によって構成され、恒星は銀河の中心をぐるぐる回っています。

恒星とは水素・ヘリウムを主成分としたガスの塊で、中心部付近で核融合を起こして、自ら光っています。その恒星のなかで平凡な種類のものである太陽を見ると、そのまわりを地球や火星や木星などの惑星がぐるぐる回っていて、その惑星の多くは、さらにまわりを衛星が回っています。

こういう宇宙の階層構造を考えると、銀河系の他の恒星にも惑星が回っていて、地球にそっくりな惑星もあって、生命は当然のこと、宇宙人も住んでいるのではないかと思いたくもなります。一般の人々の多くにもこのような宇宙の構造は浸透しているので、宇宙人がいるかもしれないと考えるのは、至極当然のことでしょう。

ですが、階層構造は重力（万有引力）が主となって形成されたものには成り立つのですが、それ以外の要素も関わった場合は、階層構造にならないことが知られていて、小さい構造になればなるほど重力以外の要因が形成過程に関わるようになります。

小さくて暗いので、なかなか観測できなかった他の恒星のまわりを巡る惑星が1995年以来、次々と発見され、現在では2000以上の惑星系が知られていますが、その姿は非常にバラエティに富んでいて、太陽系にそっくりとはとても言えません。

惑星系の形成には重力以外の要因も重要になります。ましてや、生命となるとさまざまな要因がからむでしょう。ですが、宇宙の階層構造や物理法則の普遍性になじみのある天文学者や物理学者は、「宇宙人」というような知的生命体があちこちに存在するとは誰も思わないですが、バクテリア・レベルの原始的な生命はあちこちに住んでいるのではないかと考える傾向があります。もちろん、地球のバクテリアとは異なる作り をしている可能性は大きいですが。

太陽系ができあがるまで

太陽は、水素とヘリウムを主成分として、自身の内部で核融合を起こすことで光り輝いています。そういった天体を恒星と呼んでいますが、この銀河の中には数千億個あると言われています。

そもそも恒星ができるときは、銀河を漂う水素とヘリウムが、何かのきっかけで自分の重力によって集まり出します。何がきっかけになるのかはさまざまな議論がありますが、ガスが集まれば、重力は距離の二乗に反比例して強くなるので、塊が小さくなるにつれてどんどん引き合って、急激に小さくなっていきます。さらに小さくなると、ガスの密度が高まり、圧力が生じ、その圧力によって収縮が止まります。

その重力と中の圧力が釣り合っている状態を恒星と呼んでいるのですが、その生成過程において、縮んでいく物体は回転の勢いを増していきます。これはフィギュアスケートのフィニッシュのときと同じ原理で、「角運動量が保存する」と言うのですが、回転が速くなるとそれにあわせて遠心力が働きます。回転軸方向は、先に言ったとおり内部の圧力で止まりますが、回転軸の垂直方向は、圧力が効く前に遠心力で止まります。そのため、必ず円盤状になるのです。

生まれたばかりの星は必ず円盤状になるのですが、これは観測的にも証明されています。現在の太陽系に円盤はありませんが、同じように、生まれてから1千万年以上の星のまわりには円盤がほとんどありません。どこかに消えてしまっているのです。

おそらく回転の勢いが衰えることで、遠心力が弱まり、中に取り込まれてしまうのでしょう。つまり、星は誕生したときは必ず円盤状ですが、最後には潰れてしまうのです。現在の観測によると、その段階に至るまでに、数百万年はかかるであろうと言われています。

その数百万年の間、円盤の内部は太陽よりは温度が低いので、氷の粒や石の粒が凝縮していき、それがより集まったものが惑星になり、ガスがなくなった後も取り残されて惑星系になると言われています。円盤状の中で生まれているので、そこで作られた惑星も、円盤の同一平面上を回ります。

実際、我々の太陽系もそうで、夜空を見ると、惑星はだいたい十二星座の中を動いていきます。それはすべて軌道の面が揃っているという証拠であり、同じ面で揃っているからこそ、同じようなところを行ったり来たりするわけです。ちなみに、行ったり来たりするように見えるのは、惑星ごとに公転周期が違うので、追い抜いたり、追い抜かれたりするからです。

太陽系の惑星の成り立ち

太陽系の場合は、水星・金星・地球・火星は岩石でできた小ぶりな惑星で、その外側に木星・土星というガスの巨大な惑星が回っています。惑星が大きくなると、円盤のガスを吸い込み、さらに膨らんでガス状の惑星になるのですが、そもそも、なぜ芯の部分が大きくなるのでしょう。

温度が低いところでは、氷も凝縮します。地球くらいの位置では凝縮しませんが、木星くらいの距離になると氷も凝縮するのです。氷の成分は水、つまりH_2Oです。H（水素）はこの宇宙で一番多い元素ですが、O（酸素）も実は3番目に多い元素で、水素、ヘリウム、そして酸素の順になっています。つまり、H_2Oを作る材料は宇宙には大量にあるわけで、氷が凝縮するような温度のところには、惑星の材料になる固体が大量に用意されているのです。

大量にある氷が凝縮すると巨大な芯になり、そこにガスが流れ込んで、木星・

土星のような巨大なガスの惑星ができます。さらにその外側には、天王星・海王星という、地球の15〜17倍の重さを持つ、氷を主成分にした中型の惑星ができあがります。表面はガスが取り巻いていますが、本体はほぼ氷で構成されています。

それでは、なぜ天王星・海王星はガス惑星にならなかったのでしょうか。

円盤の内側は速く回るので、物質同士の衝突も起こりやすく、速く成長します。しかし、外側はゆっくりとしか動きませんし、材料物質も全体としてはたくさんありますが、まばらな状態なので、衝突が起こりにくく、星が大きくなるまでにはかなりの時間が掛かってしまうのです。

つまり、天王星や海王星ができあがる頃には、まわりのガスがほとんどなくなってしまっており、ほぼ芯のままの状態で残ってしまうのだと考えられています。

このように、太陽系の内側に水星・金星・地球・火星のような岩石でできた小

太陽系の形成モデル

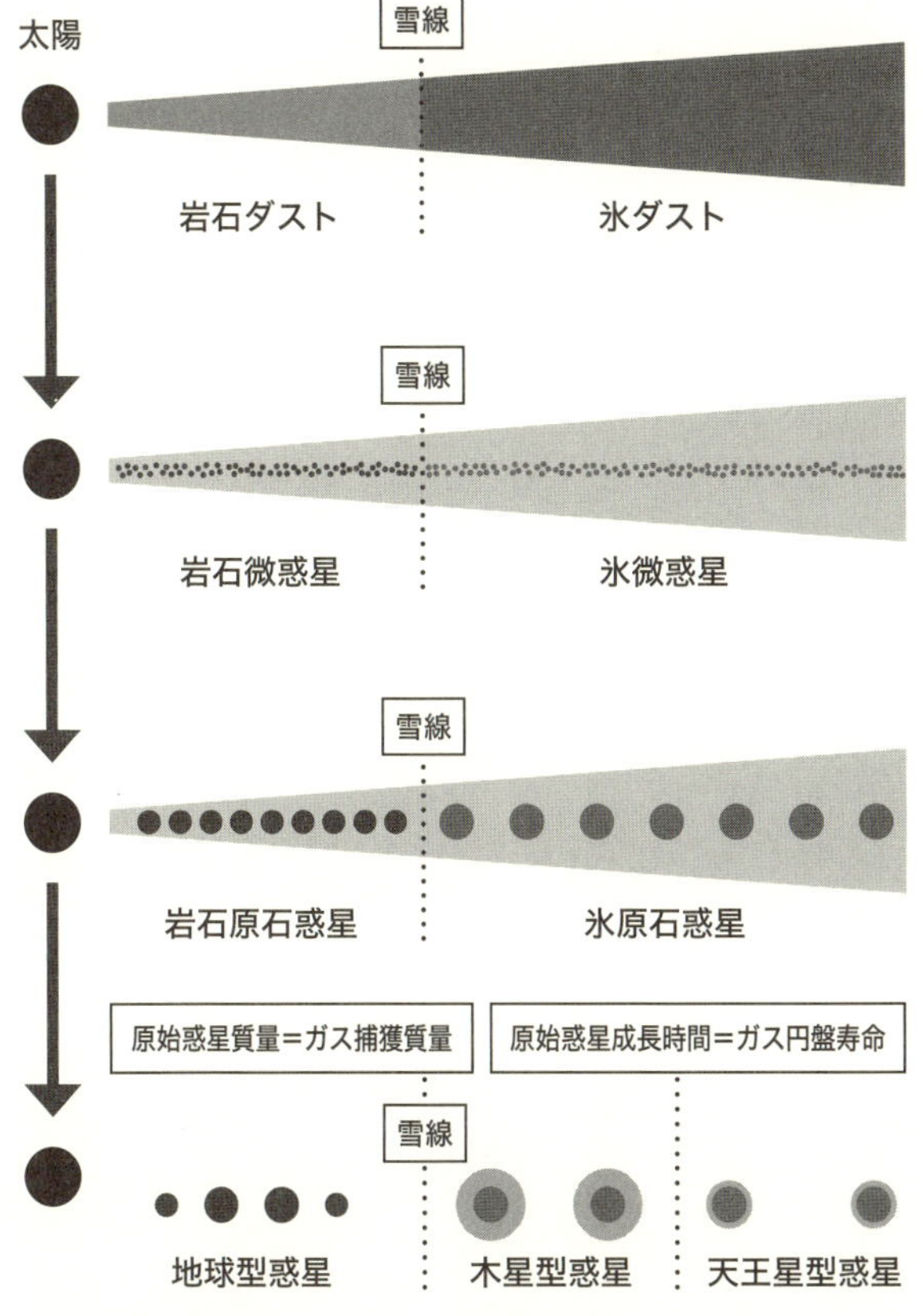

出典：理科年表オフィシャルサイト（国立天文台・丸善出版）特集・惑星系形成論：最新“太陽系の作り方”（執筆者：小久保英一郎）
http://www.rikanenpyo.jp/top/tokusyuu/toku2/

型の惑星があり、その外側にガスの巨大惑星、そしてさらに外側に氷を主体とした中型の惑星が配置されている理由は、ある意味、非常にもっともらしく説明されているわけです。

太陽系には、そのほかにも冥王星や外縁天体、木星と火星の間の小惑星帯などがありますが、そういった小天体の軌道を除くと、惑星の軌道は円運動をする円盤の材料を集めたので、だいたい円を描いています。

そして、地球のまわりの月や、木星のまわりのイオ、エウロパのように、惑星のまわりに衛星があるという階層構造をなしているのが、太陽系の構造です。そして、この構造をベースにして系外惑星についても考えようとしたところに、問題があったわけです。

探査の歴史

１９６０年代に、ＮＡＳＡによる人類初の月への有人宇宙飛行計画である「アポロ計画」があり、まずは一番近い月に、いきなり人類を送り込みました。

そして次の目標とした火星に無人探査機「バイキング」を打ち上げて生物を探したり、「ボイジャー」や「パイオニア」でより遠くを目指したり、今では到底できないような大掛かりな探査が多数行われた時代がありました。この宇宙への進出を加速させた最大の要因は、米ソの冷戦構造です。国威の発揚や技術力の誇示のため、競い合うように宇宙にロケットが飛ばされました。

しかし、この競争の原動力となった冷戦構造が崩れ、経済的にも厳しくなってきたために、あまり大規模な探査は行われなくなりました。もちろん探査自体は続けられており、火星の詳細な写真を撮る、水星や金星に行くといった、小規模でも、もっと実質的で科学的な探査が行われるようになってきています。

まだこの頃の動機は、「行ったことがないから行ってみよう」というのが正直なところでしたが、それによって徐々に知見も増え、火星と地球と金星の違いなどが解明されていきました。

その後は、さらに狙いを絞った探査をするという流れになり、火星についてはは生命の探査に的が絞られるようになりました。ただし、バイキングのときの反省を活かし、ただ闇雲に生命を探しに行くというのではなく、地形や岩石など、環境面に注目の力点が置かれるようになってきたのです。

日本は小天体に的を絞る

一方、日本ではあまり予算がない中、探査機「はやぶさ」を飛ばして、実際に小惑星のサンプルを取ってくるという探査が行われました。惑星ばかりでなく、ほうき星（彗星）や小惑星といった、小天体を狙った探査も精力的に行われてきました。

それにはちゃんと理由があって、ほうき星は遠くにあったものが地球に近づいてくるときを狙うので、かなり遠くの情報を得ることができますし、小惑星などの小天体は、「作られた当時の情報をそのまま保持しているのではないか」という期待があるのです。

たとえば地球の場合、日本列島なんて地球自体の長い歴史の中でいえばほんの最近できた地形です。常に新しいプレートができては、古いプレートが沈み込んでいくということによって、表面が刷新されています。さらに、火山の噴火などによっても昔の情報はどんどん消されていきます。

これは金星や火星ももちろん同じで、月も多少は昔の情報が残されていますが、やはり降り注ぐ隕石などの影響で表面はかなり荒らされてしまっています。しかし、小惑星やほうき星は、天体が小さく、できた頃の情報がそのまま保持されている可能性が非常に高いのです。

日本の場合、惑星探査についてはかなり厳しい状況にありますが、それでもさまざまな計画が進められていて、現在、火星の衛星である「フォボス」や「ダイモス」にいってサンプルを取ってくるという探査が計画されています。

フォボスやダイモスは火星にかなり近いところを回っている衛星なので、火星ができた頃に火星へ小天体が衝突して生じた破片や石が飛び散って、衛星に降り積もって、そのまま残っている可能性が高く、それを採取しようというのが現在JAXA（宇宙航空研究開発機構）が考えている計画なのです。

アメリカや旧ソ連はもちろん、多くの国におけるロケット技術は、軍事的な枠組みで進められてきた側面があります。その点、日本は純粋に科学的にやってきたので、予算面ではかなり厳しい戦いになっていることは否めません。

今後の探査がはたしてどのような方向に進んでいくのかはわかりませんが、これだけ地球外生命体に関する情報がたくさん出てきている以上、必然的にそこを狙った探査が増えていくと思われます。

生命探査は一般の人の興味にも合致

太陽系天体の科学探査の予算はどんどん縮小されていますが、生命探査というと、一般の人の興味にも合致する、つまり納税者の理解を得やすい傾向がありま す。その中で、目的を絞る、あるいはたくさんの目的を束ねるなど、さまざまな試行錯誤を重ねることで、できるだけ効率的で、予算の掛からない探査を行うことが求められています。

科学者の視点でいうと、無人探査機で十分であり、有人にはあまり興味がありません。別に有人だからといって、獲得できる情報が増えるわけではなく、逆に予算だけが桁違いに食われて、他の無人科学探査が圧迫されたり、つぶれたりするからです。その意味では、宇宙望遠鏡を打ち上げるというのも科学者に望まれている分野といえます。

しかし、一般の人にとっては、有人探査は未踏の地への人類の挑戦というような別の魅力があり、政治的な思惑もからまって、有人探査が後押しされる傾向があります。科学者にとっては、予算だけが掛かって、科学データとしては得るものが少ない有人探査はやめてもらいたいというのが正直なところです。ただ、その準備として無人科学探査も行われるだろうし、もちろん有人探査の副産物で重要な科学データも得られるはずで、有人探査へという流れがなければ惑星探査全体が縮小する可能性も大きく、葛藤があるのです。

一方で、無人であっても、科学者のみならず一般の人たちをも熱狂させるような探査計画があります。「ブレークスルー・スターショット」という、地球と同じような惑星が発見されている系外惑星系に無人の探査機を飛ばすという計画です。

系外惑星のハビタブルゾーンに地球サイズ程度の惑星が発見された場合、詳しくは第6章でお話しするように、望遠鏡を使って惑星の大気の成分などを観測することによって、そこに住んでいるかもしれない生命の兆候を探そうという計画があります。しかし、それを地球外生命探査だと言われても、その後はどうするのだという疑問が出てきます。

「ブレークスルー・スターショット」は、ならば実際にそこに行ってみようという計画です。トラピスト1は40光年離れた恒星ですが、太陽系に一番近い、4・25光年しか離れていない「プロキシマ・ケンタウリ」でも、ハビタブルゾーンに地球サイズの惑星が発見されています。

ちなみに、このプロキシマ・ケンタウリもトラピスト1と同様に、太陽の10分の1の重さで、1000分の1程度の明るさしかない恒星です。4・25光年の距離ならば、最新のテクノロジーを使えば、行って行けなくはないかもしれません。

現在の計画では、ナノテクを使って切手くらいの大きさの「スターチップ」と呼ばれる探査機を作り、それに1メートル四方くらいの大きさの帆を取り付け、地上からこの帆に向かってレーザーを照射して、光速の5分の1くらいまで加速させるとしています。

これを太陽の隣にあるアルファ・ケンタウリやプロキシマ・ケンタウリに向かわせると、だいたい20年くらいで到達することになります。そこで写真を撮ればおよそ4年で送信されてくるわけですから、あわせて25年くらいの時間で、隣の惑星系を写真で確認することができるようになるわけです。


そんなものすごいスピードで飛行する探査機から、すれちがう刹那にちゃんと写真を撮ることができるのでしょうか。宇宙空間はいくら希薄だとはいえ、水素分子や水素原子などの浮遊物があるわけで、その影響はどのように考えているのでしょうか。

実現に向かって、さまざまな疑問が浮かんできますが、そのあたりはちゃんと考慮されていて、技術的にはすべて可能だといわれています。たとえば、加速したら帆は横倒しにして水素との衝突を避けるそうです。また、目標の恒星に近づいたら、その恒星の光の圧力で減速することも検討されているようです。

この計画は民間の出資によって進められており、ロシアの富豪でベンチャー投資家のユーリ・ミルナーが出資し、フェイスブック（Facebook）のCEOであるマーク・ザッカーバーグやスティーブン・ホーキング、フリーマン・ダイソン、マーティン・リースら有名な宇宙物理学者たちも名を連ねています。

実用レベルにまで持っていくためにはおそらく20年くらい掛かると言われており、どこまで本当に実現できるのか現時点では不明なところも多いのですが、科学者も一般の人も熱狂できる新しい形の探査計画ではないでしょうか。

第4章

なぜ最近まで系外惑星を観測できなかったのか？

生命の進化は偶発的な要因に左右されてきた

ここからは、太陽系の外にある系外惑星系探索の話に移りましょう。他の惑星系の生命というと、ＵＦＯに乗った宇宙人というのが定番でした。これも火星運河論争による１００年のタブーの影響です。

火星運河論争のタコ型宇宙人のイメージの名残りで、系外惑星の生命というと、人類文明のバリエーション的な文明を持つ、ヒト型、せいぜい動物の形をした知的生命体を思い浮かべる人も多いと思います。

ところが、系外惑星系の生命に対して科学者が持つ現代的イメージはだいぶ変容してしまっています。

地球ではかつて、恐竜と呼ばれる生物が支配する時代がありました。しかし、直接的に何が恐竜を絶滅させたのかはわかりませんが、偶発的な隕石衝突、それもメキシコのユカタン半島を形成した、かなり巨大な隕石の衝突が引き金になって恐竜が滅んだことは、地質学的な証拠から間違いないだろうといわれています。

恐竜に限らず、さまざまな天変地異によって、その時期に生きていた生物種が激減している時期が何度もあったことが、地質データや古生物化石データから明らかになっています。そういった取捨選択は、環境変動や天変地異、それこそ隕石の衝突といった偶発的な出来事に支配されています。

また、その大絶滅後に生命が飛躍的に進化していることも明らかになっています。5億年ちょっと前の地球全球凍結に続くカンブリアの大爆発と呼ばれる生命大進化は有名です。そのときの生命の進化は植物という形の高等化と動物という形の高等化の方向に分かれました。したがって、生物が人類という最終目標に向かって直線的に進化してきたと考える人は、少なくとも科学者の中にはほとんどいません。

つまり、別の天体、別の惑星では、地球とは全然違った環境が用意され、全然違った環境変動や天変地異が起こっているはずなので、たとえ生命が生まれて、進化の道を辿ったとしても、地球と同じように人類のような種が誕生する可能性は非常に低く、まったくないといったほうが正しいかもしれません。実は我々がまったく理解していないだけで、本当は必然的な流れがあるのかもしれませんが、それを証拠付けるものは何もなく、あくまでも偶然の結果のようにしか見えないのです。

そういう生命進化の話は、昔から語られていたわけではなく、ほんの１００年くらい前は、何となく人類に向かって進化しているのではないかと思われていました。あくまでも進化は、高等な種である人類に向かって進んできたという考え方が大勢を占めていたのです。

しかし、さまざまな化石記録や遺伝子記録、そして地球の過去の気候変動、そういったものが次々と解明されていく中で、進化の流れは必然ではなく、偶然に支配されているという議論が主流になったのです。

天文学における知的生命体とは？

このような考え方の帰結として、科学者にとっては、ヒト型または動物型の宇宙人というものは、ファンタジーの世界の代物であって、リアリティはまったく感じることができないものになっています。一方で、生命が居住できる条件をつきつめて一般化して考えると、生命居住可能な天体はたくさんあるようなので、地球外生命体は存在する可能性が高いだろうと考える科学者はたくさんいます。

文明とは何か、そもそも知性とは何か、意識とは何かという問題は非常に難しいものです。でも、何らかの交信を行う知的生命体が存在しているかもしれないというわずかな可能性にかけて、依然としてアンテナが宇宙に向けられています。

これはもちろん、相手がどういう形態かは問題にしておらず、交信が行われるのであれば、物理学的にはどのような波長の光が使われるかという議論をもとにしています。あくまでも、宇宙の中で遠くに信号を送るために、どのような物理的方法が使用されるかが問題であって、知的生命体を考えるにしても、ヒト型にはこだわっていないし、考えてもいません。

しかし依然として一般の人は、知的生命体というとイコール「ヒト型宇宙人」を想像するのではないでしょうか。この大きなギャップは、すでに述べたように、およそ100年にわたって、地球外生命体について科学者が語ることがタブー視されたために、100年前の科学の知識がベースになった考え方が一般の人に漠然と定着してしまっているためだと思われます。

地球で、ほとんど同じ条件のもとで、歴史をもう一度繰り返したときに、まったく同じような歴史を辿り、同じように人類が登場すると思いますかという問いかけに対して、そんな保証はまったくないというのが今の考え方です。

そもそも生命が誕生するかどうかもわからないし、たとえ生まれたとしても、そこからどのように進化するかは、偶然性に支配される部分が多いようなので、どのように分岐していくかは誰にもわからないのです。

地球外生命体について話をすると、どうしても知的生命体と混同されることが多くなります。そもそも知的とは何か、という定義も確立されているわけではありません。ただ、天文学的にははっきりしていて、天文学は実証ベースの科学なので、実証できる知性とは何かといえばシグナルを送ってくる存在になります。つまり、電波を飛ばして、信号を送ってくる存在が、天文学的には知的であり、それしか定義のしようがないというのが現状なのです。

系外惑星探しの始まり

系外惑星探しというのは1940年代くらいから始まったのですが、それは天文学の進歩の帰結として存在しました。最初は地球が中心で天が動くという天動説から始まり、やがて地動説が出てきて、天体の運行法則に関する「ケプラーの法則」を唱えたことでよく知られているドイツの天文学者、ヨハネス・ケプラーの観測によって、それが揺るぎのないものになり、そこからニュートンの力学や近代的な力学が成立していきました。

地球が中心ではなく、太陽を中心に惑星が回っているという考えが確立し、さらに地球はその惑星の中のひとつに過ぎず、太陽さえも宇宙の中心ではないことがわかってきました。これまで飾りのように見ていた星々は、実は太陽と同じような天体であり、我々の太陽は、銀河系という数限りない星の集団の中のひとつの構成員でしかないことが、20世紀の初頭にはほぼ確実視されるようになったのです。

さらに、アンドロメダ大星雲（銀河）のように、これまで雲のように捉えていたものが、実はたくさんの星の集まりで、それが非常に遠くにあって、塊になっている。つまり、我々の銀河系もひとつの塊であり、同じようなものが宇宙の中にはたくさんあるということまで明らかになってきました。

その結果、この宇宙にはどこにも中心がなく、階層的に平等になっているという考え方が生まれました。つまり、太陽は特別な存在ではなく、この宇宙におけるありふれた一メンバーでしかないのですから、地球を含めた惑星が太陽のまわりを回っているのと同じように、ほかの恒星のまわりにも惑星が回っているはずであるという考え方です。それならば、ほかの恒星のまわりにある惑星を探してみようと考えるに至るのは、ごく自然な流れだったのです。

ここで問題となったのは、太陽と比べると、惑星の中では巨大な木星でさえも小さな存在で、圧倒的に暗いことです。目で見える光でいえば、太陽と木星では10億倍くらい違います。

しかし、遠くにある惑星は、距離が離れているがゆえに、中心にある恒星とほぼ同じ位置でしか我々は見ることができません。ほぼ一点に重なって見えるものの一方が10億倍も明るかったら、暗いほうの惑星を検出することはほぼ不可能と言っても過言ではないのです。

系外惑星の観測方法の歴史

そこで、惑星を直接観測するのは諦めて、間接的に観測する方法が議論されました。惑星が中心星のまわりを回るのであれば、ニュートンの万有引力の法則により、ハンマー投げの選手と同じ理屈で、中心星もそれに引っ張られて動くはずである、という考え方で観測が始まりました。

つまり、最初はひたすら星座の中の星の位置を観測して、まわりを惑星が回っている星は、その位置が星座の中で微妙に動くのではないか、と考えられていたのです。

しかし、この観測にはすごい精度が必要ですし、さらに問題となったのは、星自体がそもそも動いているということでした。皆さんもプラネタリウムなどで、

1万年後の星空の姿を見たことがないでしょうか。星々は銀河の中を動き回っているので、星座の形も日々崩れていっているのです。日々崩れていく中で、微妙な揺れ動きを観測するというのは、非常に困難な作業です。

なおかつ、大きく恒星を揺らすのは大きな惑星、太陽系でいえば木星のような存在になるわけですが、太陽の場合、木星によって自分の直径くらいの範囲で揺れ動いています。それくらいの微妙な動きであるのに加えて、木星が太陽のまわりを一周するのには十数年かかります。

つまり、揺れを観測するためには十数年の月日を必要とするわけで、最初の頃は、木星のような存在を想像し、10年、20年という月日をかけて、星座の中の星の動きを観測しました。それはもう気が遠くなるような観測だったのですが、その努力が実り、観測を開始してから5年、10年と時が経つにつれて、次々と惑星を発見したという報告が行われ出したのです。

もちろん科学ですから、新しい発見があるとみんなが検証します。そして実際に検証してみたところ、ほとんどが観測ミスでした。大気の揺らぎによる観測ミスもありました。10年~20年の時間をかけて観測するため、途中で望遠鏡の掃除やメンテナンスが必要になります。そして、掃除をすると光軸修正をしたりしますから、その結果、動いたように見えてしまった場合もありました。もちろん望遠鏡の装置がヘタってしまい、正しい観測ができていなかった場合もありました。

結局のところ、すべての発見が否定されるに至ったのですが、1960年代、1970年代は、アポロ計画やボイジャーなど、人類が宇宙に進出していった時代であったことも重なり、ほかの恒星のまわりにも惑星があるという発見は、非常に夢のある話として、大きくクローズアップされていったのです。

ドップラー法による系外惑星の観測

星の位置が動くというのは何らかの重力がある証拠で、連星の場合はさらに大きな動きが見られます。たとえば「シリウス」は非常に明るい恒星ですが、ずっと観測していると微妙に位置がずれていることがわかりました。その結果、非常に明るい恒星のまわりに暗い恒星があることが発見されたのですが、相手が惑星の場合は、非常に影響が小さいため、観測は困難極まる状況にありました。

系外惑星の発見報告が次々と否定されたことにより、新たな観測方法の確立が急がれました。恒星が動くこと自体は、ニュートンの万有引力の法則によって確実なのだから、その動きをいかにキャッチするかが問題になります。しかし、位置の変化を観測するためには大変な精度が必要になるのです。

そこで考え出されたのが、位置の変化ではなく、ドップラー効果による色の変化を観測する方法です。ドップラー効果というのは、前述したように近づいてくるときは波長が短く、遠ざかるときは波長が長くなる現象で、この波長の変化を観測すれば動きが観測できるわけです。

ドップラー法

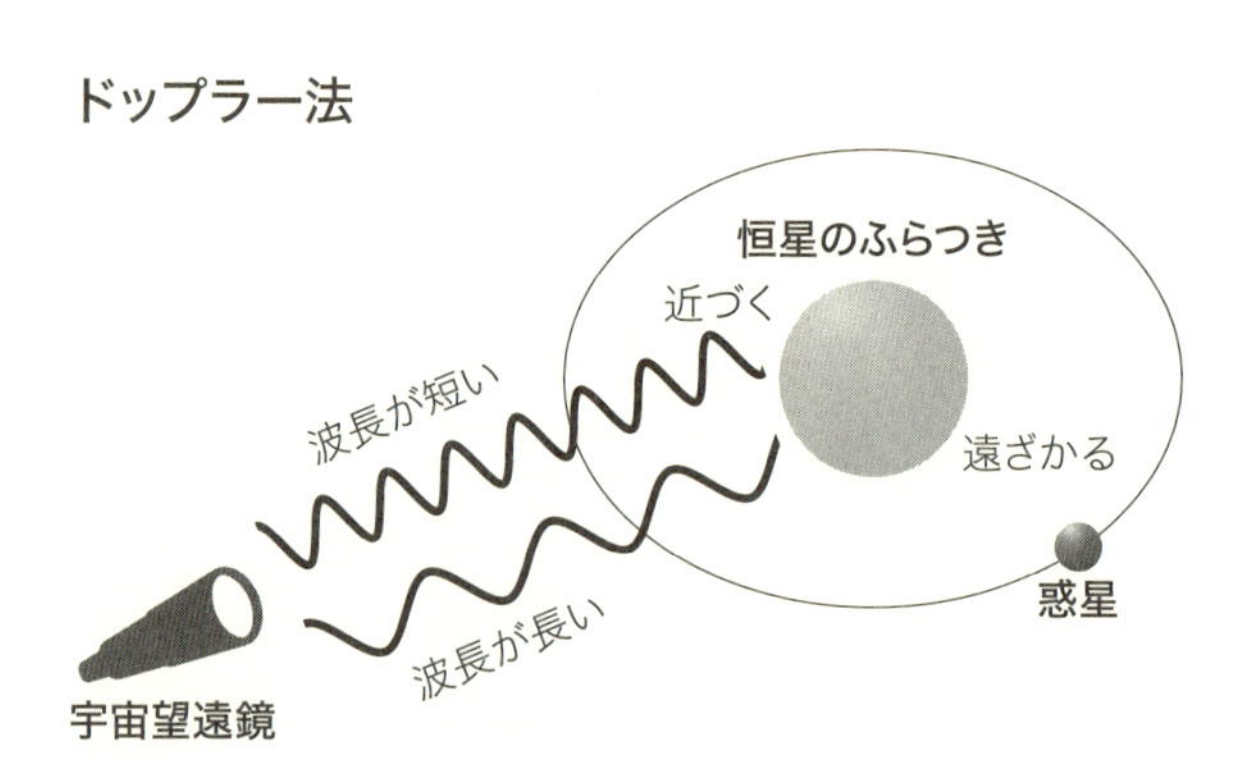

それも、ただ青くなりました、赤くなりました、というのを観測するのは困難なのですが、プリズムを通すことで測定できる吸収線の変化を見ることで、かなりの精度が出せることがわかりました。そして、1980年代には、木星が公転することで引き起こされる太陽のふらつきによって引き起こされるドップラー効果を検出できるレベルにまで技術水準が達したのです。

この方法のメリットは、波長のズレを見るだけなので、位置の変化を観測する方法とは異なり、距離が関係ないところです。波長のズレ、色の違いを観測するだけなので、プリズムで分散させても光が足りるくらいの明るささえあれば問題なかったのです。

これは画期的な方法で、すごく期待されたのですが、結局1980年代に系外惑星が発見されることはなかったのです。精度は十分に達しているはずなのに、まったく発見できませんでした。その結果、1990年代に入った頃には、実は系外惑星など存在しないのではないかという雰囲気も漂い出したのです。

観測しても観測しても見つからないし、見つかったと思ったら誤報。それを繰り返すうちに、太陽系というのは特別な存在であり、銀河↓恒星↓惑星という階層構造は決して普遍的なものではなく、太陽系がたまたまそういう構造になっているだけなのではないかという考え方も出てきました。そして、そういった観点から、あらためて太陽系がどうやって生まれたのか、なぜ太陽系だけに惑星ができたのかを考えてみよう、そんな議論もされ始めています。

実際、系外惑星の観測において、当時もっとも力のあったグループは、系外惑星の初の発見の前年、１９９４年に白旗を上げて撤退しようとしていました。

さらに、木星クラスの惑星の形成は実は大変難しいのだという理論的論文が、当時の権威であった研究者によって１９９５年に提出されていますし、１９６０年代、１９７０年代に、誤報であったとはいえ、系外惑星の発見で一躍ヒーローとなった研究者が亡くなったのも、１９９５年でした。

ホット・ジュピターの発見がもたらしたもの

系外惑星に対して白旗ムードの中、１９９５年に「ホット・ジュピター」と呼ばれる系外惑星がついに発見されたのです。もちろん発見当初はたくさんの批判が集まり、大論争が巻き起こりました。しかし、加えられた批判のすべてが否定され、少なくとも木星くらいの大きさを持つ何らかの天体が回っていることが確実であるという結論に達し、そこから次々と系外惑星が発見されるようになったのです。

ホット・ジュピターの発見以降、たくさんの系外惑星が発見されるようになった理由は、何より観測精度がすでに十二分に足りていたからです。つまり、それまでの観測方法というよりも観測プランやデータの解析が間違っていたのです。

誰もが太陽系にある木星のような惑星の姿を想像していたので、十数年かかって変動するシグナルを探していました。しかし、発見されたホット・ジュピターの変動はたったの4日だったのです。

1995年に発見された系外惑星が〝ホット・ジュピター〟と呼ばれるのは、中心星のすぐそばを回っているからです。中心星のすぐそば、つまり「非常に熱いところを回っている木星型の惑星」だったので、ホット・ジュピターと呼ばれたのですが、それに加えて、「センセーショナルでホットな話題であった」ことも、その名前の由来となっています。

発見された当時、まさか中心星のすぐそばを回る木星のような惑星が存在するなんて誰も想像していなかったため、そのような惑星の観測データはすべてノイズとして処理されていました。しかし、実際のところ、ホット・ジュピターはすごく観測がしやすい環境にあり、当時の観測技術ならば発見できて当然の惑星だったのです。

切り落としたデータにあったシグナル

恒星は脈動するので、数日で振動するかもしれないし、黒点による色の変化も考慮する必要があります。短い周期での変動は、そういったことが要因であると考えられ、当時の観測者たちは、すべてノイズとしてデータから真っ先に落としていました。実はそれが間違いで、切り落としていたデータが実は惑星のシグナルだったのです。

これはすべて太陽系の姿にとらわれていたのが原因なのですが、仕方がないといえば仕方がないことでした。当時の科学者は、それしか知らなかったのです。まさか木星規模の惑星が4日で公転するなんて思わないし、そんな理論はまったく構築されていなかったのです。ホット・ジュピターは、決して新しい方法論の下で発見されたわけではなく、まさに目からウロコが落ちたという発見でした。

少しでもこのジャンルを齧ったことがあるプロであれば、誰でも観測できる存在だったのです。こうして、目からウロコが落ちた人たちによって、新たに観測され、同時にこれまでのデータが洗い直されることで、続々と新たな系外惑星が発見されていきました。

一般的に、科学の大発見というものは、技術が進歩する中、そのギリギリのところで見つかるものなので、次の段階に向かおうとしてもなかなか簡単には先に進むことができません。技術のさらなる進歩を待つ必要があるからです。

しかし、系外惑星の場合、観測技術はすでに必要十分なレベルに達していたので、それこそゴールドラッシュのように、次から次へと新たな系外惑星が発見されていきました。

これまでは、それこそ教授と学生2人だけで、乏しい予算の中、誰も使わなくなった小さな望遠鏡で観測していたのが、この大発見によってたくさんの人が参入し、それによって大きな望遠鏡も使えるようになり、お金も使えるようになったのです。

特別な技術革新がなくても、人が増え、予算も増えれば、新たな装置が作り出され、自然と観測精度も向上します。系外惑星の発見数は、あっという間に1000個になり1000個になり、今では3500個を超える数が報告されるに至っています。

太陽系の刷り込みが系外惑星の発見を遅らせた

なぜ1995年まで発見されなかったのかといえば、逆説的ですが、半世紀やっても発見できなかったからということも理由のひとつになります。

半世紀やって結果が出ないものに予算などつきません。もし発見されれば、世の中の暮らしが格段に向上するというのであれば話は別ですが、たとえ系外惑星が見つかっても人々の暮らしには何も影響しません。

極端な言い方をすれば、役にも立たないし、展望も見えない研究には予算がつきません。それゆえ、研究自体も自ずと細々としたものになり、関わる人も減っていくという、いわゆる負のスパイラルに陥っていたのです。

さらに、太陽系しか基準がなかったことも大きな要因といえるでしょう。20世紀前半までの天文学は、太陽系の科学とほぼイコールでした。なぜなら、遠くの銀河は詳細には観測できなかったからです。近くで詳細観測できるのは太陽系だけなので、太陽系の惑星の並び方や衛星、小惑星の分布を観測し、検証するのがそのまま天文学だったのです。

そして、太陽系における惑星の並び方についての理論もかなり細かく構築されていました。たとえば地球のような岩石の惑星があって、その外側に木星や土星のような巨大なガス惑星、さらに遠くに天王星や海王星のような中型の氷惑星がある。太陽系がどのように生まれたのかを考える中で、この並びになるのが必然であるという、非常に美しい理論も提示されていました。

しかし、そのことが、太陽系外の惑星の発見を遅らせる大きな理由になったのです。つまり、それが必然だと考えてしまったがゆえに、太陽系と同じようなものを想像し、同じようなものを探してしまったのです。

その状況において、自分の観測データを信じ、最初に問題を提起したスイスのグループは「すごい」の一言です。このグループは、もともと惑星ではなく、連星の研究をしていたため、あまり先入観にとらわれていなかったことが、逆に、系外惑星を最初に発見させた大きな理由になったのかもしれません。

誰でも観測できて当たり前だったホット・ジュピターが、なかなか発見できなかった理由のひとつは、木星規模の惑星が中心星の近くを回るはずがないという先入観でした。本来、中心星の近くには材料物質がないため、大型の惑星は作られないからです。それではなぜ、ホット・ジュピターは中心星のすぐそばに位置しているのでしょうか。

おそらくホット・ジュピターは、太陽系の木星や土星と同じように、中心星から遠く離れた場所で生まれたのだと考えられています。そして、自分たちを産んでくれたガスの円盤と干渉することで、とぐろを巻くように内側に向かってしまったのではないかというシミュレーションが提示されています。

このイレギュラーにも思えるホット・ジュピターの存在について、さまざまなモデルが提唱されました。いきなり中心星のそばにできるパターンももちろん考えられたのですが、そのアイデアには汎用性がなく、ある惑星系には当てはまるが、別の惑星系では当てはまらないため、結局のところ、誕生した後に内側に寄っていったという考え方が主流になったのです。

実際、惑星が円盤との干渉によって軌道を変えるということは起こりえることなのですが、それではなぜ中心星に飲み込まれる前に止まってしまったのか、なぜ太陽系の木星や土星は動かなかったのか、という新たな問題が提示されることになりました。何をきっかけに動き出して、どこで止まるのか、なぜ動くものと動かないものがあるのか、その議論は依然として続けられています。

系外惑星の発見により太陽系を新たに見直す動き

1995年の発見で一気に流れが変わり、観測精度もさらに向上したことで、ついには地球サイズの系外惑星も発見されるに至りました。そうなると、研究の方法も大きく変化します。これまでは太陽系をベースにして考えていたのですが、何千何百という発見によって、新たなグループ分けが行われ、太陽系もその中のひとつであるという風に考えられるようになったのです。

現在のところ、太陽系は決して一番の主流派ではなく、少数派の中のひとつといった位置づけになっています。そして、太陽系とはまったく異なるシステムが次々と発見されていくのに従って、逆に、どうして太陽系はこういう形になったのかが議論されるようになってきました。

これまで、太陽系は当然そうなるべき必然的な姿だと思われていたのですが、ほかの星系を観測した上で、あらためて見直してみると、おかしなところが散見されるようになったのです。

たとえば、太陽と水星の間には惑星が存在しませんが、系外惑星系では、中心星のすぐそばを回る惑星が数多く見つかっているのです。太陽系でも、水星より内側にスペースの余裕があり、そこに惑星があっても安定して回るはずなのに、何も存在しません。

　また、火星と木星の間に隙間があり、小惑星帯がありますが、なぜかそこにも惑星が存在しません。こういったさまざまな疑問があらためて議論されるようになったのです。


　そもそも地球を含めて、太陽系の惑星はほぼ円軌道で、同心円状に並んでいますが、系外惑星の場合、楕円形に歪んだ軌道もたくさん発見されています。太陽系でも、冥王星をはじめ、小惑星やほうき星など、いわゆる小天体は歪んだ楕円軌道を描いています。

　これは惑星同士の引力の影響で、軽い天体と重い天体が影響し合えば、軽いもののほうがより大きな影響を受けるので、軌道が歪むのは当然だと思われてきました。しかし、系外惑星を観測すると、木星規模の惑星の軌道が大きく歪んでいるのです。

さらにデータを調べると、重たい惑星ほど軌道が歪んでいるという傾向にありました。少なくともグラフにプロットするときれいな関係になっていて、重たいものほど歪んでいたのです。

実のところ、これはある種の目眩ましで、たくさんの材料物質があるところからスタートした惑星系では、材料が豊富なため、大きな惑星がたくさんできます。木星規模の惑星がたくさんある環境では、互いの重力が強いため、互いの軌道を歪めてしまいます。

逆に材料物質が少ない惑星系では、互いの影響力が小さいため、安定した軌道になりやすいのです。そして、太陽系のように大きい惑星と小さい惑星が共存する環境では、小さい惑星ほど軌道が歪んでしまいます。つまり、ひとつの惑星系でみると当然のことですが、これらの結果を重ねてみると、大型の惑星ほど軌道が歪んでいるように見えてしまうのです。

軌道が歪められた非常に小さい惑星は観測されていないため、データ上には浮かび上がってきません。これは筆者が行ったシミュレーションの結果からの類推で、証明された事実ではないのですが、おそらくは正しいと思われます。

いずれにせよ、最初に発見されるサンプルは、単純に見つけやすいサンプルであって、それが主流派であるという保証はまったくありません。しかし、最初に見つかったものはそれだけ目立ちますから、当然のように、それが全体を代表するものだと勘違いされ、ある種のバイアスが掛かってしまいます。

ですから、科学に携わる以上、このことはすごく注意しなければならないことですし、主流派はまだ隠されているかもしれないという目を常に持っておく必要があります。

この教訓は、今後、地球外生命体を探索していく上でもとても重要なものとなるでしょう。わたしたちが知っている地球の生命は、ヒトも植物も微生物もほぼ同じ遺伝暗号を持ち、同じ種類のアミノ酸で体を作っています。

つまり、ヒトも植物も微生物も同じ祖先を持っていて、その後に進化が枝分かれしただけで、地球生命は一系統なのです。ひとつしか知らないと、宇宙における生命というものの全体像を予測するのは大変難しいし、目立つものが見つかると、それに振り回されたりしがちなので、気をつけなければなりません。

太陽系は少数派？　主流派？

実際、次々とベールが剥がされていくことによって、やはり太陽系は特殊なものではなく、一定数を有する派閥かもしれないという議論も始まっています。とはいえ、圧倒的な主流派にはなりえないこともすでにわかっています。

なぜかというと、太陽と同じような種類の恒星のまわりを観測したところ、その中の実は半分くらいに、太陽系ではありえないような惑星が発見されているからです。

つまり、少なくとも半分くらいは太陽系とは違った姿だということがすでに証明されているので、太陽系は最大野党に与するかもしれませんが、それが過半数を占めるような与党にはなりえないわけです。

少なくとも標準形でないことだけははっきりしているのですが、それが本当にレアなパターンなのか、それとも少数会派の野党の一つなのかは、いまだ議論の途中となっています。

少し余談ですが、先ほど、ホット・ジュピターは外側でできた後に内側に移動してきたというお話をしました。実は同じことが木星や土星にもいわれていて、木星と土星はもっと遠くで生まれた後、中心に近寄ったけれども引き返したという説があります。その説によると、木星が近寄ったところが今の小惑星帯で、そこに本来あったはずの惑星を木星が吹き飛ばしてしまったため、現在あのエリアには惑星がないのではないかといわれているのです。

もちろん、これもありえない話ではないのですが、少し苦しい説明であることは否定できません。しかし、惑星が動くことを前提とした議論が優勢になりつつあるのも事実で、その意味において、やはり太陽系は不思議な存在であるという話になっています。

先にも述べましたが、以前は太陽系の姿が必然的なもので、それですべてが説明できると考えられていました。しかし、系外惑星が次々と発見される中、必然だと思っていたことが実はそうでなかったことがわかり、なぜ太陽系がこの姿になったのかという新たな謎が提示されるようになってきているのです。

系外惑星の数ではなく質を観測する

系外惑星に関して言えばすでに「発見だけすればよい」という時代は終わっています。最初はもちろん数を増やすことが重要で、膨大な人数が参入してきたわけですが、今はキャラクタリゼーションといって、発見した系外惑星がどういう性質を持っているのか、大気成分や内部組成などを観測データから推測していくという方向に向かっています。系外惑星の観測は新しいテーマで、これまで十分に考えてこなかったところなので、本当に知恵比べのような状況になっています。

何百年も続いてきた学問の場合、先人たち、数々の秀才たちによって、考えうることはほとんど考えつくされていて、絞りに絞った雑巾のように、もはや水が一滴も出ないような状態になっています。

しかし、系外惑星の性質についての議論が始まったのはここ10年くらいの話なので、まだまだずぶ濡れの雑巾のように、ちょっと掴むだけでいくらでも水が滴り落ちるような状況にあります。完全に頭の勝負で、お金のある人が勝つわけでもなければ、すごい秀才が勝つわけでもありません。アイデアをひねり出して実行したもの勝ちというところがあります。

決してその分野の権威でないとできないということはなく（研究分野が若いの

で権威と言われる人自体が少ないですが）、それこそ大学院生でもグッドアイデアを持っていれば一発当てることができるのです。

実際、系外惑星の観測にドップラー法が用いられていた際、単純に惑星の影、つまり中心星の惑星による〝食〟を見ればいいのではないかという考えが、系外惑星が実際に発見されるはるか昔にありましたが、それを使って最初に観測をした大学院生は、あっという間にハーバード大学の教授になったのです。

新しい方法、斬新な方法を、その道の権威ではなく、野心に満ち溢れた人たちが次々と提唱してくるので、系外惑星の研究は非常に活気のある分野になっているのです。

さまざまな系外惑星の観測方法

なお、「食」を使った観測方法は「トランジット法」と呼ばれ、惑星が恒星の前を横切る、すなわち食を起こしたときの明るさの変化を観測することで、系外惑星を発見するというものです。

トランジット法で観測するためには、惑星の軌道が食を起こすような公転軌道である必要があり、最初の系外惑星が発見されて15年くらいはドップラー法が席巻していました。しかし、今では系外惑星はトランジット法による発見数が他を圧倒しています。

系外惑星の観測には、ドップラー法やトランジット法のほかに、「直接撮像法」や「重力レンズ法」といった方法が利用されています。

直接撮像法は、その名の通り、直接、淡く光っている惑星を見つける方法で、この方法によって、ある程度中心星から離れたところにある明るい、木星のような、自分から熱を発している惑星が十数個発見されています。

直接撮像法の場合、中心星と惑星の光を分けて観測しなければならないため、

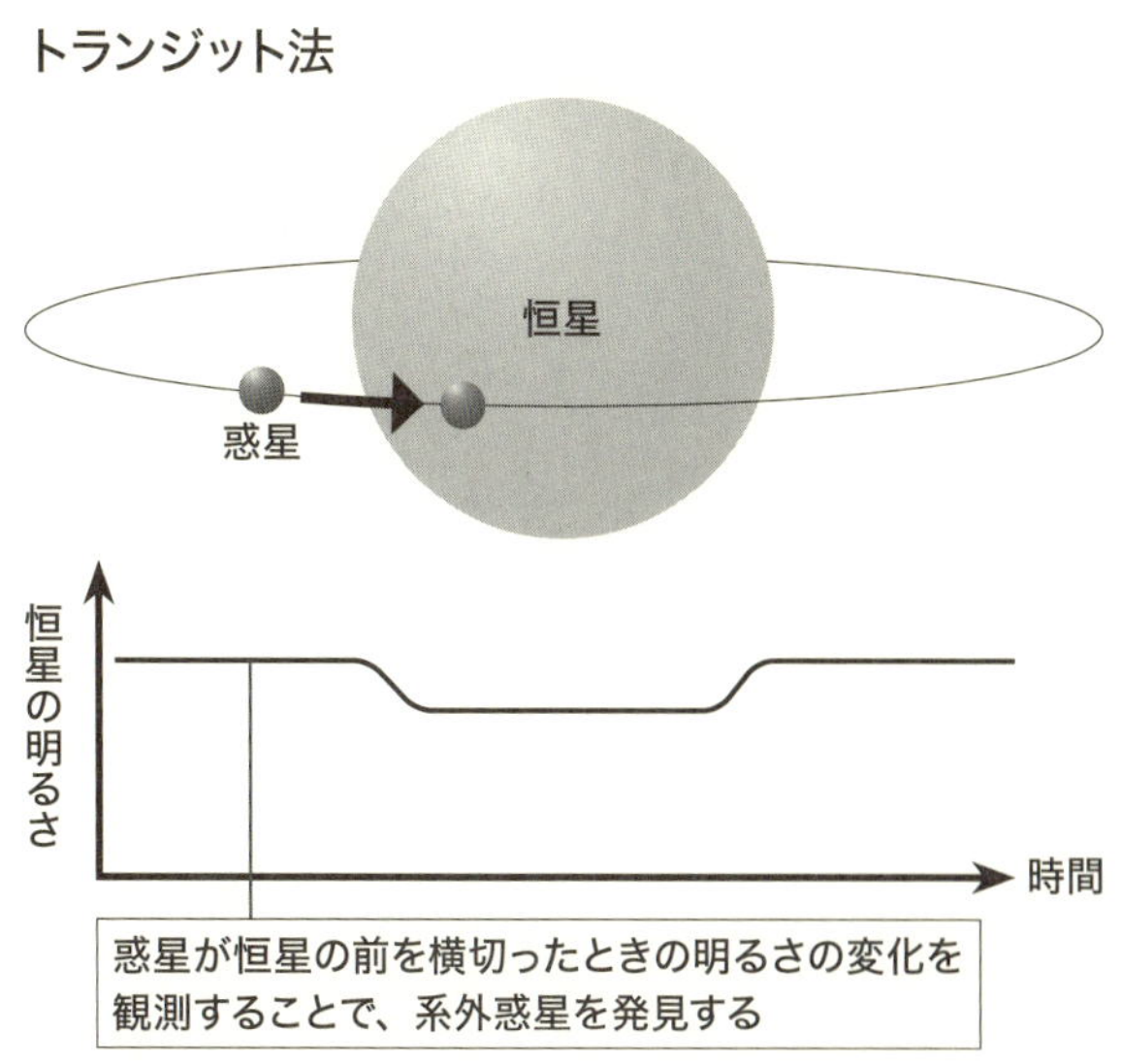

アダプティブ・オプティクス、いわゆる手振れ防止と同じような機能が望遠鏡にも採用されています。

これは手振れではなく、大気の乱れによる揺らぎを補正するもので、大気の影響によって起こる星の瞬きや揺らぎをコンピュータ制御で取り除くのですが、この装置がどんどん高性能になってきており、これまでは大気の乱れによって隠されていた、中心星の横で淡く光る惑星も発見できるようになりました。

そして、この方法を使った観測によって、太陽と天王星や海王星の距離よりもはるかに遠くを木星より大きな惑星が回っているケースがあることも発見されたのです。

惑星の成り立ちを考えると、そのくらい遠い距離で惑星ができあがるのにはかなりの時間がかかります。しかし、天王星や海王星ですらガスを吸い込めなかったのに、それよりも10倍くらい離れた距離にガス型惑星が存在するのは大きな謎であり、その形成過程が新たな議論になっています。

最近では重力レンズ法も

そして、もうひとつの有力な方法が重力レンズ法と呼ばれるもので、これは一般相対性理論を使う観測方法です。

星の周辺は、一般相対性理論によって空間が歪みます。つまり、ある星が横切ると、その後方から別の星の光が曲げられて、あたかもレンズを通したように集光されるのです。これを「重力レンズ」と呼ぶのですが、トランジット法は光が暗くなるのを観測するのに対し、重力レンズ法はレンズによって明るくなったところを観測します。

そして、後方の星の前を通過する恒星に惑星があると、その惑星の周辺の空間も歪むため、そこにも弱いレンズができます。すなわち、中心星による増光に続いて、惑星による小さな増光が観測できるわけです。これを計算すると、どういう重さの惑星がどのくらいの距離を回っているのかが判明するのです。

これが重力レンズ法と呼ばれる方法で、観測がしやすいため非常に優れた方法なのですが、星が星の前を通過するという現象が起こるのはほぼ一度きりで、二度と検証できないのが大きな問題となっています。星がたまたま重なる可能性はかなり低いため、同じ星がまた他の星と重なることはほぼありえないのです。

ただ、この現象が起こる際は、だんだん増光してくるのがわかるので、その予兆が観測されたら、たちまち全世界に発信され、世界中の望遠鏡が一気に観測することになります。

つまり、たった1回限りの現象でも、世界中の望遠鏡が観測するので、非常にたくさんデータが集まり、どういう惑星がどういう距離を回っているのかを詳細に解析することができるのです。

この方法でも数十個の惑星が見つかっており、すでに地球サイズの惑星も見つかっています。なお、この現象が起こる可能性は、100万個の星を毎日観測しても、年間10回検出できるくらいの程度となっています。

極端な言い方をすると、星が明るくなれば重力レンズ法、暗くなればトランジット法が使われます。重力レンズの場合、激しく明るくなり、場合によっては倍くらいに増光するので、非常に精密な観測が可能です。

一方、トランジット法は、木星規模の惑星による食であっても、100分の1、つまり1パーセントくらいしか暗くならないため、どうしてもノイズが乗りやすく、何度も観測しないと精密な観測ができません。反面、食を起こす確率は重力レンズ現象が起こる確率よりははるかに高くなっています。

また、重力レンズ法の場合、惑星が中心星の近くを回っていると中心星の増光と被ってしまうため、中心星から離れているほうが観測しやすいのですが、逆にトランジット法は離れていると見つかりにくいという違いもあります。

さらに、観測する装置の点でも違いがあり、トランジット法では100分の1の減光を観測できる感度が必要になりますが、重力レンズ法ではそれほどの感度は必要ありません。

しかし、重力レンズ法では確率が低いので、できるだけ多くの数の星を絶えず観測している必要があるため、いかに広い視野があるかが重要になってきます。

このように、お互いの一長一短がはっきりしているため、それぞれを補完する形で使用されているのが現状です。

ケプラー宇宙望遠鏡が系外惑星の発見数を飛躍的に増加

惑星の発見数で、トランジット法がほかを圧倒しているのは、「ケプラー宇宙望遠鏡」のおかげともいえます。先にもお話ししたとおり、木星規模で100分の1の減光ですが、地球サイズになると10000分の1くらいの減光になるため、地上からの観測ではほぼ不可能なレベルといえます。

実際、宇宙には木星よりも小さい惑星のほうが数が多いのですが、それが発見できるようになったのは、大気の影響を受けない宇宙空間に望遠鏡を持っていったおかげであり、それによって発見数も飛躍的に増えることになったのです。

ケプラー宇宙望遠鏡によってトランジット法での惑星発見数が飛躍的に増大したおかげで影に隠れてしまいましたが、ドップラー法も変わらず有力な観測方法として利用されています。ドップラー法のメリットは精密さで、軌道の形まで求めることができるのです。

また、トランジット法は中心星と惑星の距離がある程度離れてしまうと、食を起こす確率が減ってしまうため、観測できないケースも多いのですが、ドップラー法は、距離が離れた惑星も観測可能であり、軌道半径が大きい惑星になると、依然としてドップラー法が優勢なのです。

それぞれの観測方法に得意不得意があり、さらに装置の進化によっても、時代によって優勢的な観測方法があります。事実、最初の頃はトランジット法を使っても、なかなか思ったような成果が上がりませんでした。それは大気のゆらぎや、恒星同士が重なっているケース、さらに恒星の脈動などを見分けるのが難しかったからです。しかし、今では分析方法も確立し、さらにケプラー宇宙望遠鏡の存在によって、一気に発見数が増えることになったのです。

今後、望遠鏡の性能が上がれば、直接撮像法での発見数も増えると思われますが、そう簡単にはいかないのも事実です。

直接撮像法は、惑星そのものを捉えるため、もっとも確実な方法にも思えますが、背後にたまたま恒星があると、それを惑星と間違えてしまう問題が依然として残っています。背景星か惑星かを確かめるためには、5年くらいの期間をかけて、位置関係のズレを調べる必要があります。

恒星同士なら関係のない方向に動きますが、惑星ならば軌道にのった動きをするからです。もちろん、今後大きな望遠鏡が作られれば、分解能が高まり、もっと中心星のそばを回っている惑星も判別可能になるため、2020年代に作られる口径が30メートルや40メートルの望遠鏡を使えば、太陽と地球規模の惑星系でも直接撮像法で観測可能になるのではないかと期待されています。

ちなみにケプラー宇宙望遠鏡の実効口径は1メートルくらいですが、光の明るさを調べるだけなので、この大きさでも十分なのです。口径を大きくするのは、分光して光をいろいろな波長に分けるために、たくさんの光を取り込まなければならないからです。

しかし、測光というのは、波長は関係なく光の強さだけを観測するので、ケプラー宇宙望遠鏡のように機能を絞ることで身軽にすることができるのです。逆にハッブル宇宙望遠鏡のように多機能を求めると、どうしても巨大なものになってしまうのです。

なお、ケプラー宇宙望遠鏡は、恒星の明るさだけを調べるのですが、トランジット法で系外惑星を発見するだけでなく、恒星自身の脈動・振動も観測することが可能で、それによってものすごく大きな成果を上げています。

恒星自身の振動を観測することは、星震学と呼ばれ、地球の地震学と同じように星の内部を調べることができます。地震学は、地震による地表の揺れを解析することによって、コアがあり、マントルがあり、不連続面があるといった、実際には誰も観たことがない地球の内部構造を解き明かしています。

それと同じことを星の振動を利用して研究するのが星震学であり、現在すごい勢いで発達している分野となっています。

第5章

沸き起こった地球外生命体ブーム——異世界の生命体

生命を定義する3条件

生命の定義にはいろいろな考え方があります。日本でよく言われるのが3条件といって、まずは細胞によって中と外が分かれていて「自分と外界に境界があること」、そして、遺伝子を持つことで「自分のコピーを作ること」、そして、代謝によって「エネルギーを外界と出し入れすること」。この3条件がよく提示されます。

これが本当に生命の定義を十全に満たしているかどうかはさまざまな議論がありますが、考え方としては、最低条件をこれくらいシンプルにする必要があるのです。

「生命とは何か？」という問題がすごく難しいのは、我々が結局、地球の生命しか知らないからです。地球の生命は一系統しかありません。しかし、その生命の定義をどうすべきかは長年議論されていて、いまだにはっきりはしていません。少なくとも、我々の地球における生命にとって基本的なところはどこなのか。それはある程度固まってきていて、それが前述したように「3条件」として提示されているわけです。

生命の定義という点については、どの分野がイニシアチブをとるかというのも難しい問題です。一見、一番近そうに見える生物学の分野は、あまりこの問題には関わろうとしません。なぜなら、生物学は、あくまでも今ここに存在するものを分析するという立場であり、そもそも生命とは、ということは問わないからです。

そういう意味では、特にどの分野が中心になって議論されているという問題ではなく、各分野において必要に応じて議論が進む問題になっているといえるかもしれません。たとえば、物理学者のエルビン・シュレディンガーは量子力学を作った一人で、〝シュレディンガーの猫〟などでもおなじみの人物ですが、こういった、一見門外漢とも思える人が生命の定義について提唱していたりもするのです。

それぞれの分野、いろいろな立場、いろいろな角度から見て、生命の定義が議論されていますが、先に挙げた「3条件」、《外界との区別》、《エネルギーの代謝》、《遺伝》は、1980年に日本の江上不二夫が提案したもので、ご本人は定義ではなく性質と言っているようですが、主に日本の研究者の間で引用されることが多く、世界的にはどちらかといえばあまり使用されない定義となっています。

世界的には、ジェラルド・ジョイスが1990年代に提案した「自分自身を維持する化学的システムでダーウィン進化を行いうるもの」がメジャーな定義付けで、NASAもこちらを採用しているようです。ただし、抽象的でわかりにくく、江上の主張のほうがわかりやすいため、日本では3条件がよく引用されています。

地球外生命体を考える上で、この「生命の定義」というのは非常に重要な問題ですが、これをあらためて検討しなければならない状況になったのは、「生命の起源」という問題とも関連しています。生命の起源を考えるためには、普通に存在するモノと生命といわれるモノは何が違うのか、どこが境界になるのか。いわゆる有機物と生命との違いがはっきりしないことには、生命の起源を議論することはできません。

つまり、どういった物質ができたら、それを生命といえるのかということです。材料物質が揃っていれば、すなわち生命であるとは決していえないでしょう。必要な有機物を揃えてシェイクすれば生命ができあがるわけではもちろんありません。材料物質だけでは語れないからこそ、何かエネルギーの出し入れがあるとか、複製を作るとか、そういったものを加えることで、新たに定義せざるをえないのです。

シュレディンガーによる生命の定義

エネルギーを出し入れする以上、外界と自分自身が区別されている必要があります。そうした要素を基本として3条件が提示されているわけですが、それはひとつの見方でしかないというのも事実です。

たとえば、「エネルギーの出し入れ」というのは、〝生物ではないものにはできないことは何か?〟ということを考えたところから推論されたひとつの答えになるわけですが、それをもう少し違う言い方で表現したのが、先ほどお話ししたシュレディンガーです。

シュレディンガーは物理学者なので、物理学的なアプローチを行っています。物理法則には「エントロピー増大の法則」というものがあり、これは非常に基本的な物理原則から導き出されるので、すべてのものはこの法則に従っていくはずです。

しかし彼は、生物、生命といったものは、その法則からは外れた存在であると考えました。つまり、本来、エントロピーと呼ばれる物体や熱の混合具合（乱雑さ）を示す尺度は増大する方向に向かっていくものであり、生物ももちろん世界の一部なので、全体としてはエントロピーが増大するのですが、生物単体に注目すると、そのまわりだけエントロピーを減少させており、つまるところ、そういった不思議なシステムを持つものが生物なのだということを提唱しました。

実際、地球では光合成生物がいることによって、大気には酸素が撒き散らされていきます。一般的に、酸素は物質との反応性が非常に高く、大気に長く留まることができません。つまり、酸素がたくさんある大気は平衡状態ではないのです。

エントロピーが増大するということは、全体的にのっぺりとした平衡状態に向かっていくというイメージなのですが、生物はどんどん複雑なシステムを作り上げてしまうのです。平衡状態ではない酸素大気の生成はその一例です。そこが本質的なところではないかというのがシュレディンガーの主張になっています。

その主張と、先ほどの〝エネルギーの出し入れ〟というのは結びついていて、少し違う見方から表現したものであると言えるかもしれません。実際、地球外生命体を探すとなった場合、何をもって地球外生命体の証拠であるとするのか、そこが問題になってきます。最初にお話しした3条件は、実は少し使いづらいところがあります。

たとえば、エネルギーを出し入れしているかどうかは、現物を手に取らないとわかりません。外界と自分が区別されているかどうかも同じです。これは望遠鏡による観測では判別不能なのです。もし、実際に火星に行って土を掘ったりすれば、多少は3条件をベースにして考えることもできるのですが。

3条件は、あくまでも手に取って観察することができるときには使用できるかもしれない条件であり、本当のところ、それが正解かどうかはわからないのですが、一応、指針としては考えることができます。しかし、望遠鏡での観測となると、役に立ちません。なので、そういったときに頼りになるのが、シュレディンガーの条件なのです。

つまり、本来は化学反応が進んでいくと、エントロピーが大きな平衡状態が実現されていくはずなのですが、それとは違う状態が実現されていたならば、それは生命がその環境に存在する可能性があるということです。平衡状態であるべきものをずらしてしまう存在、そういったものを生命の条件だと考えれば、望遠鏡を使って、惑星・天体の大気や表面環境の変化を調べることによっても、生命の存在が観測できるのです。

生命は平衡状態からずらす存在

大気成分が本来のあるべき姿とは異なる場合、つまり、酸素が多いとか、メタンがあるといった環境は、おそらく生命がいる証拠になるのではないかと考えられるわけです。もしかしたら、我々が想像している生命とは違うかもしれませんが、そのように環境を平衡状態からずらしてしまうような存在があるかもしれない。もちろんそれだけで確定できるものではないのですが、少なくとも、そういう環境があれば、地球の生命と同じ意味での生命が存在するといってもよいのではないかという考えになるわけです。

そもそも、地球上にいる生命体からイメージされるものと似ていればそれが生命かというと、決してそういうわけではありません。なので、とにかく現在のところは、本質的な部分を抜き出して、一番必要な条件に合致していればよいと考えられています。3条件にしても、エネルギーの出し入れをしているのか、遺伝するのか、といったところはなかなか調べることができませんし、事実上、不可能と言えるかもしれません。

だから、もう少し根源的でわかりやすい形でもって議論をするために、同じ3条件でも、最近よく使われているのは、実際にエネルギーの出し入れがあるかどうかは不明でも、少なくともエネルギーを与えられ続けている環境があればよいのではないかということです。陽が当たっていてもいいですし、地熱であってもいいでしょう。

とにかく、常にエネルギーが出ている環境。もし生物が何らかのエネルギーを取り入れて、吐き出すのであれば、少なくともエネルギーが与えられていない環境では存在しえないことになるからです。つまり、エネルギーがどんどん与えられている環境がまず必要になるわけです。

複製が作られているかどうかも確かめようはありませんが、少なくとも我々の知っている生物は、水の中で生まれ、炭素化合物である有機物を中心にして組み立てられています。

すなわち、どこまで同じかはさておき、少なくとも我々が知っているような炭素型とでもいうべき有機物で作られた生物が存在するためには、最低限、水と有機物が必要になるわけですから、その存在は、実際にいるかどうかは別にして、生命が生まれてもよいような環境には必須になるわけです。

生命は、あくまでも天体環境の一部であり、それでいて、少しヘンテコリンな一部なのです。だから、天体環境がどうなっているのかを調べることが、イコール生物、生命の存在を観測することに繋がるのではないか。現在では、そういった考え方が主流になってきており、それが最初のＮＡＳＡの発表に結びついているわけです。

すなわち、生命が存在できる環境がすべて揃っているからこそ「第二の地球」と言ってしまうわけです。しかし、一般の人は、このあたりの思考の変化を十分に説明されていませんから、なんともいえない肩すかしを感じてしまうのではないでしょうか。

バイキングの失敗と極限環境生物の発見

バイキングによる探査の頃は、地球にいる生命と同じようなものを探していました。正確に言うと、そうせざるをえなかったわけですが、火星には何かがいるのではないかというものすごい期待があり、わりと単純に、地球上にいるものと同じような生命を想像していました。

しかし、いくら調べても、まったく発見することはできませんでした。生命の定義について、より本質的なことを考えるようになったのは、バイキングの失敗がひとつの要因になっているかもしれません。

実際、これらの定義が提案されたのはバイキングの火星探査（1976年）の後のことです。しかし、1977年に深海生物が発見され、その後、続々と極限環境生物が発見されていき、生命に関する概念が大きく変わっていったことも考えておく必要があります。江上不二夫の条件がこの状況を反映したものかどうかは確かではありませんが、少なくともジョイスの説は、これを反映したものになっていると思われます。

つまり、生命の定義、生命探査の方法が、地球上の動物や植物といったおなじみのものをベースにしていたところから、より一般的なものへ、そして天体の環境を探るものへと移行していったのは、バイキングの失敗もひとつの要因であったかもしれませんが、メタンを使って生きる細菌や、真っ暗な深海や地下に住む細菌などの極限環境生物が発見されていったことも大きな要因になっていると思われます。

ただ、系外惑星の発見のように、あるひとつの発見でガラッと考え方が変わったというよりは、徐々に変わっていったというほうが正確だと思います。

〝水と有機物〟という点についても、シュレディンガーの定義にあわせれば、材料物質が有機物である必要はありません。何かシステムとして、局所的にエントロピーを減少させるものであればよいのです。そして、3条件に照らし合わせた場合も、有機物である必要はないのです。

昔、『コスモス』などの著書でも知られる天文学者のカール・セーガンが、炭素ではなく、シリコンを使った生物がいてもいいのではないかと主張したことがありました。

これはもちろんその通りであって、暴論でも極論でもないのですが、もしそういう生物が存在するとなると、これは我々の理解の範疇を大きく超えていってしまうのです。少なくとも、有機物を使った地球生物についてはよくわかっていて、その生物がどのような行動をするのかもわかっているので、あくまでも有機体の生命をベースに議論が進められていますが、シリコン生命体という、そこまで異なる組み立てになってしまうと、はっきりいってよくわからなくなってしまいます。

もはや何を観測したらよいのかさえわからなくなるのです。もちろん、有機物ではない生命の存在を否定することはできません。可能性だけを考えて、想像するのは決して悪いことではないのですが、科学的な議論として進んでいくためには、やはり実証を積み重ねていかなければならないのです。

そうすると、あまりにもわからなすぎるものは、科学としての議論になりえないので、議論を行うためには、少しでも理解できる範疇から始める必要があるのです。

エンケラドスには（エウロパにも？）、実際に有機物があって、水があって、さらにエネルギーが与えられていることもわかっています。それだけ材料物質が揃っているのであれば、地球と同じように生命が生まれているかもしれない――ここからなら議論に入っていくことも可能ですが、いきなりシリコンと言われると、もはやお手上げになってしまうのです。

なお、系外惑星でいえば、大気組成を直接観測することによって、炭素や酸素、メタンなどを探すのですが、さらに大気に浮いている複雑な有機物を観測することもできるのではないかという議論があります。スペクトルを使うと、有機物は複雑な形をしているので、その分子が吸収する光の波長がたくさんあり、そこだけが抜けて見えたり、光って見えたりします。

それをコンピュータで解析すれば、実際にどのような物質があるかがわかるのです。実際、銀河系に浮いているガスを電波望遠鏡で観測することによって、アミノ酸に近い物質があることが発見されています。つまり、方法論としてはすでに確立しているのです。それを遠く離れた惑星の大気に応用することは依然として難しいのですが、近い将来には、観測が可能になることでしょう。


このように、生物そのものよりも、生物が存在しうる環境を探す方向にシフトしているのですが、それならば、実際にその環境が見つかったら次はどうするのでしょう。残念ながら、まだその答えは出ていません。これは生物がいてもおかしくない環境だと、いくら専門家が声高に叫んでも、一般の人にとっては、だから何?という話になります。

そのあたりは、実際の研究者たちも同じことを思っていて、靴をはいたまま足の裏を掻いているジレンマを感じているところです。ブレークスルー・スターショットのように、写真を撮るだけであっても、実際にそこまで行ってみるという計画は、ひとつの解決策です。火星やエンケラドス、エウロパなどは実際に直接探査ができるので、どうしても注目が集まってしまうのです。

研究者の興味は火星からエンケラドスやエウロパにも

火星の探査はずっと行われており、過去の火星環境、過去にいたかもしれない火星生命の議論は進んでいますが、今、何か住んでいるのかについては、なかなか先に進んでいません。火星では現在は表面に海はありませんし、有機物はなんとか見つかったものの、かなり乏しいです。その状況を受けて、エンケラドスやエウロパが研究者の新たな興味として注目されはじめています。

エンケラドスには確実に海があり、その中に有機物があることもわかっています。なおかつ、地下は非常に高温になっていることもわかっています。エウロパも水が表面からときどき噴出しているようで、地下に熱水の海が存在していることはほぼ確実でしょう。実際にこれらの衛星に行って、いろいろな分析をしてみようという議論が進んでおり、NASAやESA（欧州宇宙機関）も計画を進めているところです。

2015年にNASAが、火星のクレーターの崖の部分から水らしきものが流れているという発表を行いました。それまで火星の地下の水については、決定的で直接的な証拠はなく、着陸探査車オポチュニティによって発見された赤鉄鉱粒子やマーズエキスプレスなどの周回機の撮影によって発見された粘土鉱物など、水が共存していないと生成されないと考えられる物質、さらに極で発見された氷など、いろんな状況証拠から「過去には表面に海があったかもしれない。地下にも水があったようだ。今でも地下に水があるかもしれない」と強く推測されていました。

なので、クレーターの崖の部分から水らしきものが流れているのが発見されたことは、その推測が正しいことを証明する決定打ではないかと言われています。ただし、まだそれが100%確実であるとはいえず、たとえ地下に水があったとしても、地下を掘るのはあまり現実的ではないため、現在の主流はエンケラドスやエウロパに向かっているわけです。とはいえ、火星は地球に近く、探査機も送り込みやすいことから、引き続き調査は続けられています。

地球外生命体を探す場合、最初から宇宙人のような生命体を想像しても仕方がありません。まずは、どのような条件を満たしていれば生命と考えてよいかというところから始まり、現在では、直接的に生命そのものを探すのではなく、生命の定義を実現するような惑星環境や天体環境を探すような動きになっているのです。

系外惑星が次々と発見されたことで、地球の生命に関する議論も影響を受けましたし、地球外生命体を探すということについては、太陽系の中でも、地球とは違う生命の形があるかもしれないという議論になっています。

これまで解説してきたように、エウロパやエンケラドスといった木星や土星の衛星では、水が噴き出していることが観測されました。もちろん、地球とは全然違う環境であり、水が噴き出しているとはいえ、表面の温度はかなり低いため、カチンコチンに凍っているはずです。

しかし、割れ目から水が噴き出しているということは、地下に海があることの証拠であり、地下に熱水の海があるのであれば、生命がいるかもしれない。そういった議論になっているのです。

火星の生命探査における新たな方向性

これまで、太陽系の中に生命を探すという作業は火星を中心に行われていましたが、これはあくまでも地球における生命のイメージのバリエーションから出発していです。

しかし、バイキングの探査によって一度は絶望視された火星の生命体ですが、あらためて環境を調べ直したところ、どうも地下には水があるかもしれないということがわかってきました。

先にも述べたとおり、クレーターから何か液体のようなものが滲み出ているのがわかったのです。そうなると、火星の地下の水があるところには、何かが存在するかもしれない。かつては表面にも湖や川があった痕跡が見つかっていますから、もしかしたら、過去に生まれた生物がそのまま地下に潜って生きているかもしれない。現在では、そういったものを探しに行こうという流れになっているのです。

しかし、いったい何を見つければ生物がいることになるのか。それが、依然として大きな問題として残っています。ただ、何か動いているものを見つけるというのではなく、生命が関与したことによる石や鉱物の変化を見つける方向性。土はもともと岩のかけらに、有機物などの生命反応が加わることによって、土という形に変化します。

ここまで極端な例でなくても、何らかの痕跡が鉱物に残っていないか。そういう方向でどんどん議論が進んでいます。そしてそれは、地球生命とは全然違う形であって当然であるという考えに変わってきているのです。

系外惑星に行くのは現時点では不可能ですが、火星やエウロパは実際に行くことができます。まずは環境の調査から進め、何らかのあたりがついたところで、実際に手に取って調べてみようというのが太陽系内の探査の流れになっています。もちろん、何を調べれば生命と呼ばれるものを見つけられるのかという議論を交わした上での話です。

エウロパの地下にある海の中に、魚やクラゲがいるかもしれないと思って闇雲に探しても、おそらく何も見つからないでしょう。水があれば、クラゲくらいはいるような気がする。これはあくまでも地球をイメージした想像なのです。ただデータを採取しても、どういったシグナルを導き出すかがはっきりしていないと、望むシグナルが発見できないというのは、系外惑星の観測とまったく同じことなのです。

火星についてNASAが行う発表は、そういった環境面に関するものが多くなっています。もちろん科学者にとっては、そのひとつひとつがとても重要な発表なのですが、世の中の多くの人が期待しているのは、火星人がいましたという発表なのかもしれません。

実際、1996年に火星から飛んできた隕石の中に、何か虫のようなものが発見されたという発表がありました。これは、隕石の中に何か微生物の化石のようなものが見つかったという発表だったのですが、この化石のようなものが、本当に何らかの生物の化石なのかどうかは、依然として決着がついていません。しかし、隕石自体を調べてみると、水、有機物、エネルギー、そして酸化還元反応があったと考えられるような作りになっていて、そこに何かがいてもおかしくない環境を備えていました。

一般の人にとって、生物の化石というインパクトは非常に大きいため、その部分が大きくクローズアップされるのですが、科学者にとっては、それ以上に、生命がいてもおかしくない環境を備えているということのほうが重要な情報なのです。そして、このあたりのギャップを埋めていくことが、我々科学者にとっての大きな課題といえそうです。

系外惑星に適用されるハビタブルゾーンという概念

太陽系内での考え方の変化を、そのまま太陽系外に当てはめてもよいのではないかという流れがあります。つまり、「第二の地球」のように、地球のイメージに縛られたバリエーションで考える必要はないということです。

氷衛星の地下の海でも可能性があるのであれば、水と有機物があって、エネルギーが与えられていて、酸化還元状態があるような環境なら何でもよいのではないかという考え方です。

もちろん、遠く離れた惑星の場合、そんな簡単な話ではなく、表面の水の存在も大気中の水蒸気の観測などからどこまで言えるのかはわからないですし、地下に海があるかもしれないと言われたら、それこそ絶望的で、もはや観測のしようがないのです。そこで、依然として〝ハビタブルゾーン〟という考え方がわかりやすい目安として使用されているのです。


ハビタブルゾーンは、もともとは地球をイメージした概念で、表面に水があり、それが蒸発もしないし、凍りつきもしない、ちょうど良い温度である範囲を示しています。ちょうど良い温度であるということは、中心星から距離が適度に離れていることを意味しています。

中心星から近すぎたら熱すぎて蒸発しますし、遠すぎると寒すぎて凍ってしまうからです。蒸発もしないし、凍りもしない、ちょうどよい範囲をハビタブルゾーンと呼んでいるのですが、その範囲内にある惑星にH_2Oがあれば海ができるはずです。そもそもH_2Oがあるかどうかも想像でしかないのですが、あくまでもひとつの目安としてハビタブルゾーンという概念が使用されています。

そして、ハビタブルゾーンに位置するのであれば、水があると仮定することにしています。そして有機物もあると仮定するのです。その前提に立って、あとはエネルギーの供給などの条件を考えていく流れになっていて、そうなると別に地球に似ていなくてもまったく問題がないのです。

実際、太陽と地球のような関係性にある惑星系は、現在の技術ではまだ発見できません。ドップラー法や、影を見るトランジット法などで観測するためには、もう少し中心星の近くにある必要があるのです。

中心星の近くを回りながら、温度が高くないということは、中心星が太陽よりももっと暗く、弱い光を出している必要があります。そのため、ハビタブルゾーンの惑星を考える場合、現在のところは、中心星は太陽よりも暗い「赤色矮星」と呼ばれる恒星になるのです。

しかし、赤色矮星のハビタルブゾーンにある惑星は、とうてい「第二の地球」と呼べる代物ではないことは容易に想像できます。まず中心星と距離が近いため、自転と公転が同期していて、常に同じ面を中心星に向けているはずですし、先にも説明しましたが、暗い星は生物にとって危険といわれるX線や紫外線もかなり強いはずです。

しかし、裏側はそういった紫外線やX線はあたらず、フレアの影響も受けません。大気の流れがわからないため、実際の温度についても詳しいことはわかりませんが、水に関して言うと、もしあるとするならば、地球よりももっと多いかもしれません。

それは、全体として温度が低い惑星系なので、氷が凝縮する範囲が広く、それが取り込まれている可能性が高いからです。そうなると水深1000キロメートルといった、ほとんど海のような惑星の姿がそこにはあるかもしれないのです。

このように地球と比べるとまったく異なる環境なのですが、生命がいてもおかしくない環境は備えているのです。そのため、多くの天文学者が観測を行っており、今ではそういった惑星の大気成分を観測することも可能になっています。最近、「第二の地球」というキャッチフレーズでニュースになった存在は、すべてこういった淡い赤色矮星のハビタブルゾーンにある惑星のことを示しているのです。

人間中心、地球中心の考え方からの解放

こういった惑星の存在を観測するにしたがって、天文学者は知らず知らずのう

ちに、これは科学者全体の話でもあるのですが、人間中心的な考え方、そして地球をベースとして考える地球中心的な考え方から離れつつあります。

これは地球中心主義を捨て去るといった確固たる意思によるものではなく、地球以外のものを観測しているうちに、自然と解放されていったのです。つまり、地球をイメージした生命を探すのではなく、見つけられるものを探しているうちに、人間、そして地球をベースとした考え方から徐々に離れてしまったというのが正確な言い方かもしれません。

しかし、研究者や科学者が勝手に離れていっただけで、その話を聞く一般の人は、依然として地球中心主義であり、人間中心主義であったりします。そこに大きなギャップがあるため、科学者がいくら大発見だと叫んでも、どうしても肩すかしになり、盛り過ぎだと思われてしまうのだと思います。発表された内容は、専門家にしてみたら本当に大発見で、けっして盛られたものではないのです。しかし、さらにややこしいのが、専門家自身も「第二の地球」のような言い方をしてしまうことです。

これは、そのほうが伝わりやすいと思うサービス精神だったり、自分の想いとデータが混同してしまったりしている結果なのですが、それがメディアを通じてさらに誇張されてしまうため、なかなか本当の意味が伝わらないことが多いのです。

地球の生命は一系統であり、地球上の生物、それこそ大腸菌であっても、人間とほぼ変わらない遺伝子構造を持っています。しかし、もしエンケラドスに微生物のようなものがいたら、これはまったく違う種族の可能性があり、初めて違う系統の生命を発見したということになるかもしれないのです。

そもそも、人間と大腸菌が同じ系統だといっても、なかなか理解してもらえないのですが、実際、エネルギーの代謝も同じだし、DNAもほぼ同じ構造です。そして、細胞を作っているアミノ酸の種類までピッタリ一緒なのですから、見た目は全然違いますが、どう見ても同じ系統の生命なのです。これとはまったく違それが宇宙人であろうが、植物であろうが、大腸菌であろうが関係なく、とんでもない大発見なのです。

そして次のステップとして、太陽系内のまったく異なる環境に、まったく異なる種族が存在するのであれば、ほかの惑星系にいけば、さらに異なる環境に住むさらに異なる種族がいてもおかしくないという考えに至るのです。認識している系統が1種類か2種類かでも大きな違いなのですが、2種類あるのなら、3種類、4種類あってもおかしくはないのです。

しかし、一種類しか知らないと、自分たちだけであるという考えが生まれ、それはものすごい奇跡であるという、ある種の宗教的な話にもなりかねません。

もしそういった生命が発見された場合、自分たちとは異なる系統の生命が存在することのすごさ、そしてそのインパクトをどのように伝えるかが、大きな課題になってくるかもしれません。

第6章

これからの地球外生命探査

地球外生命探査の今後の方向性

地球外生命体の存在を実証するために、実際に現地を探査するというのは当然の話なのですが、NASAにしてもヨーロッパのESAにしても、ロケットを打ち上げて探査を行うための予算が相当厳しくなってきて、科学者が自分たちの興味だけでロケットを飛ばせる時代ではなくなってきています。

一般の人々の興味に応えつつ、自分たちの興味をも満たす、そのように上手く目的を絞っていかないとなかなか予算がつかないのです。

そうなると必然的に、エウロパやエンケラドス、そして新たな火星の〝生命探査〟といったものがどんどん計画されることになります。

火星では現在もオポチュニティなどのローバーが走り回っていますが、今後はさらに、過去にいたかもしれない火星の生命の痕跡をどのように実証的に探るか、そこに焦点が絞られていくと思います。

これまでの歴史を振り返っても、たとえ研究のトレンドが変わっても、探査機を送ってさえしまえば、驚くような発見が何かありました。

実際、エウロパはもともと地下に海があるのではないかと言われていましたが、エンケラドスの地下に海があるなんて誰も想像していなかったのです。探査機カッシーニの最初の目的は、土星のリングと、タイタンという大きな衛星の大気観測でした。しかし、実際に行ってみたら、エンケラドスに噴水が見つかりました。そういう意味でも、とにかく送ってみる、行ってみることが重要なのだと思います。

実際、カッシーニが噴水を見つけるまでは、エンケラドスに注目する人はほとんどいませんでした。今でも、なぜエンケラドスにそれだけのエネルギーがあるのかは、理論的にもよくわかっていません。でも現実的に熱が出ているのです。

エウロパの場合は、最初からある程度の推測がありましたし、さらに木星に近いイオにはもっと大きなエネルギーがあると思われていて、実際に行ってみたら火山があったわけです。つまり、予想できた事実でした。しかし、エンケラドスの場合は、なぜ噴水があるのか、なぜ熱いのかがいまだによくわかっていません。

そのため、エンケラドスだけが特別なのかどうかも議論になっていて、土星にはほかにもたくさんの衛星がありますから、ほかの衛星にも可能性があるのではないかと言われています。

そして、その延長線上の議論では、冥王星にも液体の水があるのではないかという議論も始まっています。冥王星は、はるか彼方にある準惑星なのですが、表面はあまりボコボコしていません。

つまり、クレーターがあまりないのです。隕石などの衝突は必ず起こっているはずなので、クレーターがないということは、地面が動いて、隠しているという証拠になります。それは、何か内部で熱が出ているということに繋がりますから、それならば地下に凍っていない水があってもよいのではないかという議論です。

地下の海の中に生態系が生まれる可能性

火星は本体が石でできていますが、冥王星は本体にたくさんの氷を含んでいます。なので、何か我々が想像しえないような熱源があれば、その氷が水になって、海ができている可能性があるのです。つまり、表面はもちろん冷たいのですが、中に閉じ込められている部分に水がありうるというわけです。

そして現在では、太陽系の辺境の地にある天体は、あれもこれもすべて地下に海があって、その中に何らかの生態系があるかもしれない、なんて議論もあったりします。表面に生命が存在する地球は、それらと比べると特殊な環境であり、多くの天体は地下に海があって、そこに何かがいるかもしれないと考えられているのです。

水はすぐに蒸発したり、中に染み込んだりするため、水を地表に蓄えることができる天体というのはかなり限られた条件が必要になります。氷でできている惑星は、表面が温かい場所にありませんし、地球の位置だと氷が凝縮しないので、惑星の材料物質になかなかなりません。遠くにある惑星は、温度が低いので氷の天体になるわけですが、太陽からは離れている以上、表面の水となると絶望的です。しかし、内部は温度さえ上がれば可能性があるのです。

表面に水が存在しうる〝ハビタブルゾーン〟という考え方は、ひとつの目安にはなりますが、実際には地下の海の中に生態系が生まれているケースが多いのではないかという議論が始まっています。ただ、太陽系内であれば探査も可能ですが、太陽系外となると、実際に探査するのはなかなかに難しい問題であり、いつの日か、それが可能になる時代を待つしかないのです。

今後の探査という点では、NASAが2020年に「エウロパ・クリッパー」と呼ばれる、エウロパにもう一度ロケットを飛ばしてそのまわりをぐるぐる回り、上空から観測するというプランを計画しています。さらにESAと共同で、エウロパに着陸させて氷の外装部に穴を掘る「エウロパ・ジュピター・システム・ミッション」という計画も進んでいます。

しかし、そのためには5000億円もの予算が必要となり、一国の科学予算ではとても賄いきれない規模の計画になっているため、NASAとESAだけでは実現が難しく、日本のJAXAや、中国、インドなども巻き込んで進めようとしているのです。

巨大望遠鏡・宇宙望遠鏡

一方で、望遠鏡での観測も進んでいますが、望遠鏡は以前から世界各国で共同して作る方式が一般的になっています。昔は日本も「すばる望遠鏡」を作ったりしていましたが、一国で作るのは予算的に厳しいこともあり、最近チリで動き始めた「アルマ」と呼ばれる強力な電波望遠鏡は、全世界規模での共同プロジェクトになっています。

現在、EUでは口径40メートル、日本・アメリカ・カナダ・中国・インドの共同体では、ハワイに口径30メートルの望遠鏡を作る計画が進められています。先にお話ししたエウロパの探査機も2020年代の計画ですが、口径30メートル、40メートルの望遠鏡も2020年代の中盤、後半くらいには完成予定となっています。

地上の望遠鏡だけでなく、宇宙望遠鏡を飛ばす計画も続々と進んでいます。2018年には、ケプラー宇宙望遠鏡の後継となるTESSと呼ばれる宇宙望遠鏡が打ち上げられます。さらに、JWSTと呼ばれるハッブル宇宙望遠鏡の後継となる多機能の宇宙望遠鏡も打ち上げ予定となっています。

そのほかにも続々と、系外惑星を観測する宇宙望遠鏡が計画されており、大気組成ばかりを調べる宇宙望遠鏡も計画されています。宇宙望遠鏡は、コスト的に安く、得られるものが大きい、いわばローコストハイリターンなので、国家予算を使って大きな探査を行うことが厳しい今の時代には非常に有用な存在といえます。

望遠鏡の性能は日々向上していますが、観測の進化はそれだけではありません。たとえばドップラー法は、秒速1メートルとか秒速数十センチメートルの動きをドップラー効果で観測しているのですが、それはスペクトルに入る吸収線と呼ばれる筋の動きによって調べています。しかし、その方法だと、せいぜい秒速100メートル程度しか見分けることができないのです。

それが1980年代に見つかった画期的な方法によって、観測精度が一気に上がったのです。望遠鏡による観測は、温度の変化や望遠鏡の向きによっても、すぐにズレてしまいます。つまり、スペクトルに入った筋を観測しても、そのズレが、望遠鏡のせいなのか、星の動きによるものなのかを判別するのがとても困難でした。

そんなときに編み出された方法は、少々トリッキーなのですが、望遠鏡の前に何らかのガスを詰めた物を置くという方法です。別の気体を通すことによって、望遠鏡のせいでズレたのであれば、別の気体によるスペクトルの筋も一緒に動きます。つまり、その差を観測すれば望遠鏡の調子とは関係なく、正確な観測ができるわけです。言われてみれば、何ということもない工夫ですが、この発明によって、一気に精度が10倍くらい上がったのです。

さらに最近では、気体を置くのもよいがそれだと不規則だし、任意の場所に筋を入れることはできないため、レーザーで位置を指定して、あらかじめ筋を入れてしまう方法が望遠鏡に導入されました。

これは環境問題の観測ですでに使用されていた方法ですが、それでさらに観測精度が向上したのです。系外惑星の観測は始まったばかりの分野なので、まだまだできることは数多く残っており、ちょっとした工夫で観測精度は上がっていくでしょう。

巨大望遠鏡によるバイオマーカー探し

巨大な望遠鏡があればさまざまな観測を行えるのですが、ひとつの大きな目標となっているのが〝バイオマーカー探し〟です。

これは、ハビタブルゾーンにある地球サイズ程度の惑星の大気を観測して、酸素やメタンを探すというもので、通常は存在しない、無生物の環境ではありえないような成分が観測されれば、それは生命が作り出しているのではないかという考え方です。

これは生命の起源、生命の定義の問題と結びついていて、生命は物事が平衡に進む中、逆らうような存在である、という定義から生まれた推論なのです。もしその定義が間違っていれば、まったくの無意味になるのですが、とりあえず観測すれば何かが見つかるであろう、予想もしていない物が見つかるであろうという、ある種楽観的な考えもあって、観測が続けられています。

そのほか、遠くにある惑星は点にしか見えないのですが、仮に植物があるとすると、植物の葉は赤外線を反射するので、惑星の自転によって植物があるところが通過するたびに、定期的に赤外線の反射が増えるのではないかという議論も行われています。

植物まではいかなくても、海と陸でも反射の仕方は違いますし、季節の推移で、南極が見えているのか、北極が見えているのかによっても、反射の仕方は変化します。この反射の変化を観測することによって、CTスキャンと同じ原理で、点でしか見えないはずの惑星の世界地図を作り出すことができるかもしれません。

ハビタブルゾーンに位置する惑星が数多く存在するという事実が、巨大な望遠鏡を作る理由であり、逆にそういった事実がなければ、そんなに大きな望遠鏡を作るなんて話は通らないでしょう。

ハビタブルゾーンに系外惑星があることが確実で、観測すれば何らかのデータが出る。もしかすると、そこに生命が住んでいる兆候が掴めるかもしれない……

そういった考え方が急激に加速しているのです。

地球外生命探査は生命を理解する鍵を握る

生命探査において、依然として問題になっているのは、何を探せばいいのか、何がサインになるのかということです。これはすごく深い問題で、生命とはいったい何か、生命の定義とは何かというところと強く結びついているのです。しかしそれは、頭だけで考えてもなかなか解答には至らない問題です。

望遠鏡を作ったり、実際にエウロパに行くことで、たくさんのデータを集めて、それにさまざまな分析を加えていくことで、初めて理解できる問題ではないかと思います。つまり、地球外生命探査というのは、生命とは何かという生命の定義、生命の起源という問題と実は表裏一体で、議論と観測を同時並行で続けていかなければわからない問題なのかもしれません。

実際にエウロパに行ったり、口径30メートルの望遠鏡が稼働してデータを取るというのは、それほど時間がかかることではなく、10年後、20年後の話です。筆者の歳になると10年なんてあっという間なので、気がつけばそういう時代になっているわけです。

そうやってデータが積み重なり、生命とは何かということに対して何らかの手がかりが掴めたとき、それはおそらく、我々が現在考えているものとはまったく違うものが出てくると思いますし、違う考えが出てくるはずだと信じています。そして、それが一般の人にも伝わるようになったとき、とんでもない考え方の変容に繋がるかもしれません。

そのとき発見されるものがどんな存在かはわかりません。バクテリアみたいな微生物かもしれませんし、我々の想像の域を超えた存在かもしれません。いずれにせよ、その発見は、生命とは何かを探る鍵を握っているはずです。そういう意味においても、地球外生命体の発見は、非常に大きなトピックになるのだと思っています。

AIの進化が地球外生命探査に与える影響

現在、さまざまな場面でAI、つまり人工知能の活用が議論されていますが、地球外生命探査においてもその活躍が大きく期待されています。

たとえば火星の探査機は、現在のところ地球からの遠隔操作で動作していますが、火星と地球ではタイムラグがあるため、細やかな制御はかなり困難です。しかし、AIを搭載すれば、自律的な探査を行うことができるわけです。そして、発見したものが何かを分析する際も、AIが存分に活用されるでしょう。

AIを使うことで、医者が診断するのと同等以上の診断が可能になると言われています。それと同じように、これまでの膨大なデータをすべてインプットした上で、それをもとに自分自身でも学習することができますから、生命に関する議論においても、我々では感知できない何らかの兆候を見つけ出すかもしれません。

実際、人間が介在すると、どうしても地球生命の概念に縛られてしまいがちになります。なるべく客観的に、本質を捉えて議論しようとはするのですが、どうしても人間は先入観などに影響されてしまいます。しかし、ＡＩならばそういったこともなく、必要な条件をインプットして学習させれば、我々が予想もしなかった存在を生命ではないかと報告してくるかもしれません。もともと学習をさせたのは人間なのですが、学習結果は人間の想像をはるかに超えてくることになるに違いありません。

望遠鏡の観測データの処理にもどんどんＡＩが入ってくるでしょう。これまでのコンピュータでは、あいまいなものを処理するのが大変困難でした。たとえばトランジット法で系外惑星を発見する場合、食が起きて、星が一瞬暗くなり、また元に戻るという光の強さの変化のパターンを観測します。

山のようにある膨大なデータはノイズだらけなのですが、人間が見ると、これは惑星、これは違うといったことが意外と判断できるのです。しかし、それをコンピュータに判断させるのはとても困難です。人間が、何をもってこれは惑星であると判断しているかを定義するのがかなり難しく、その条件にあてはまるようなプログラムを書いてみても、コンピュータはなかなか系外惑星を引っ掛けることができないのです。

人間は多少データが欠けていても、その欠損部分を繋いで思考することができます。しかし、それをどのように繋いでいるかを数式にするのが大変難解で、結局、最後は人間の目で確かめる必要がありました。ところが、ＡＩが入ってくると、人間が経験の蓄積によって判断している部分も勝手に学習してくれるので、コンピュータでの処理も可能になりますし、人間よりももっと正確に、さらに圧倒的な量を処理できるようになるはずです。

ＡＩが科学全体に与える影響

ＡＩによって、探査や天体観測の今後は随分変わってくる可能性があります。そして、それに限らず、科学一般が大きく変化していくでしょう。実験結果に対して、人間の目が判断したものとはまったく異なる見解を提示してくれるはずです。将棋でも、人間だったら悪手だと思っていた手が、実はすごい手である場合があるわけです。

特に、地球外生命体の探査となると、人間はどうしても地球の生命に縛られてしまいます。しかしＡＩであれば、本当に必要な条件だけを与えて、あとは自分で学習させ、実際に火星に飛ばして探査を行い、新たなデータをドンドンと取り込んでいけば、我々が想像しなかったような形で地球外生命体の証拠を提示してくれるかもしれません。

天体観測へのＡＩ導入は実際に始まっています。まだ始まったばかりの試みですが、いったん一人の研究者並みの能力を得るだけで大きな変革が起こってくるでしょう。平均以上の能力である必要はありません。人並みの能力で十分なのです。処理できる量は圧倒的なので、100人の研究員が不眠不休で解析するような状況が生み出されるのです。

つまり、処理できるデータ量が圧倒的に変わってくるので、判断できるレベルが同じであっても、結果的に生み出されるものは比較にならない量になります。さらにそれが人間の判断を超えるレベルになったら……。そういう意味でもAIの進化には大きな期待が持たれているのです。

AIが進化すると、銀行の窓口業務などに人の手は不要になるようなことが言われます。文系は大変だね、みたいなことも言われますが、理系の研究者や技術者がやっていることも、実はほぼAIでできるかもしれないと言われています。

研究者がやっていることは、結局は過去の論文や経験といった、データの蓄積の上に成り立っているわけで、センスとか勘と呼ばれているものも経験の蓄積にほかなりません。ですから、ＡＩがスパコンと連動して、片っ端からシミュレーションを行って経験を猛烈な速さで蓄積してしまえば、研究者の役割は、最初の研究の方向づけを考え、結果の意義や意味付けを考えるだけになってしまうかもしれません。

そういう意味でも、ＡＩの進化によって、今後何が起こっても不思議ではないと思います。もちろん、しばらくは共存していくと思いますが、ＡＩを導入することによって、人間の常識では考えなかったような新しいものがたくさん発見される可能性もあります。とはいえ、条件付けや方向性の指示は当分は人間が行う必要があるでしょうから、少なくともしばらくの間は、ＡＩに人間が駆逐されるなんていうことにはならないと願いたいものです。

はたして宇宙人は見つかるのか？

ここまで地球外生命体についてお話ししてきましたが、多くの人の頭の中には依然として、「それで結局、宇宙人は見つかるの？」という疑問が残っていると思います。

いるかどうかを実証できないと科学的な議論にはなりません。現在天文学者が考えているのは電波を使った交信で、向こうから送られてくる電波をキャッチすることによって、宇宙人の存在を証明しようとする試みも昔からあります。問題は、はたして我々に対して信号を送ってくれるのかどうかというところです。

現実問題として、半世紀以上、アンテナを宇宙に向けていますが、そういった信号は一切捉えられていません。そこで、もう一歩だけ話を進めて、相手が信号を送ってくれなくても、最低限、電波を使って仲間内でコミュニケーションをとっているのであれば、それを〝盗み聞き〟しようという議論が起こっています。

〝盗み聞き〟というと言葉が悪いのですが、要するに、電波を使ったコミュニケーションが行われている痕跡を探そうというものです。知的生命体、いわゆる宇宙人が我々に対しまったく興味がなくても、もし陸上生活をしているのであれば――陸に上がることによって、非常にエネルギー効率のよい酸素呼吸を身に着け、その結果、知性を得たというひとつの考え方をベースにした議論ですが――陸上において、仲間内で交信を行う場合、物理法則のもとで何が一番ベストな方法かを考えてみましょう。

声、すなわち音波はすぐに減衰してしまいますし、光信号は、まっすぐに飛びすぎてしまうので、途中に山などの障害物があると使えません。そうなると電波しかないわけです。

電波はドンドン回り込みますし、距離が離れても減衰しにくいので、ラジオからテレビ、携帯電話に至るまで、地球上でも幅広く利用されています。電波は非常に物理学的に優れた信号なので、おそらく地球外の知的生命体も電波を使って交信を行っているはずであるという考え方です。

実際に、彼らが仲間内で交信を行っているかどうかはわかりません。しかし、外に信号を送ってくれることに比べれば可能性は高いでしょう。実際、我々も外に向かって意図的にずっと信号を送ってはいませんよね。

もし、仲間内で電波を使って交信をしているのであれば、その電波を探知すればよいのです。実際、電波は漏れるので、それを検知できるくらいの電波望遠鏡を作れば観測可能になるというのが現在の議論で、次の世代の電波望遠鏡、2020年代に計画されている電波望遠鏡の感度は、私たちが交信している現代の地球が10光年先にあっても、その電波漏れを観測できるレベルになります。

ただ、知的生命体を探るためだけに電波望遠鏡を作るというのはあまり現実的ではなく、次世代の電波望遠鏡の主目的は、昔の銀河を探ることなど、天文学における正統的とも言える目標にあるのですが、その望遠鏡を使えば、知的生命探査が可能になるのです。ただ受け身で信号を待つのではなく、こちらから探っていく……この方法は、かなりマジメに議論されています。

知的生命体を探そう！

待っていても仕方がないので、こちらから探しに行こうというのが最近の考え方で、SETI（地球外知的生命探査）も、パッシブ（受動的）ではなく、アクティブ（能動的）にしようという流れになっています。

これまでのアクティブなSETIというのは、こちらが信号を送って、狙いをつけてレーザーで信号を送るような方法でした。しかし、たとえ相手がそれを受け取ったとしても、それに興味を持ってくれるかどうかはわかりません。

そこで、電波望遠鏡観測によって、自然に考えたら存在しないシグナルを（能動的に）捉えようという動きが活発化しており、そのサインが、ただ生命がいるというだけではなくて、知的なものがいることを想像させるようなシグナルを捉えようという動きが進んでいます。

そのほかに、放射能を捉えようという議論もあります。これは、原子力を使うような文明はいずれ制御不能になって破滅するはずという前提のもと、破滅した後も残存するはずの放射能を観測すれば、今はもう存在しないが、昔は高度な文明が存在したことの証明になるだろうというアイデアで、今の人類がおかれた危機を投影しているブラックジョーク的なものです。

このようにアイデアはたくさんありますが、すべては何らかの仮定の上に成り立っています。はたして、その仮定が実際に成立しているかどうかは議論の余地があるものの、そういったアクティブに知的生命体を探そうという雰囲気があることは事実です。

ただその前に、地球外生命体が存在する可能性が高いところを押さえないと、その先はありません。一生懸命に探しても、結局観測してみたら地球外生命体が存在する可能性が低い環境だとまったく意味がないわけですから。

「人間原理」とダイナミズム

「人間原理」と呼ばれるものがあります。これは、なぜこんなに特別なところに我々が存在するのかを考える上で、さまざまな偶然が重なった奇跡的な場所だからこそ、生命が生まれ、進化し、人間に至ったのだ、だから我々が非常に特別な存在であることは当たり前であるというロジックです。ある意味、なんでも言えてしまうロジックだといえます。

人間のような知性は特殊な環境でしか生まれないとすると、だからこそ我々は特殊なところにいる。堂々巡りのような感じですが、こういった議論は必ず出てきます。ただ、天文学はそれを崩してきた歴史があります。

宇宙論でも、こういった人間原理は主張されています。「マルチバース（多元宇宙論）」という議論があるように、この宇宙のほかにも宇宙がたくさん生まれたり消えたりしているのですが、ほかの宇宙にも同じような知性がいるかとなると、そうはいかないわけです。

この宇宙は、無限宇宙で、ビッグバンのあと、ほぼ平坦のままに広がり続けています。ただ、とんでもないスピードで広がっているのではなく、閉じてしまうかどうかギリギリのところで広がっているのですが、これのどこまでが偶然なのかが議論になっています。

我々が知っている物理学だと、ビッグバンで一瞬膨れて、すぐにまた戻ってしまう宇宙があってもよいのです。最初に持っているエネルギーが少ないとそうなりますし、最初のエネルギーが大きければものすごい勢いで広がっていきます。戻っていく宇宙は有限の寿命しかないので、知的生命が生まれる前に閉じてしまうと何も生まれません。飛び散ってしまうような宇宙、つまり、それだけ速いスピードで膨張する宇宙では、そもそも星が生まれません。星というのは宇宙の膨張に逆らって、ガスが自分たちの重量で固まることで生まれるのですから、それよりも速く広がってしまうと、そもそも星が生まれないのです。つまり、星が生まれなければ生命も生まれません。

我々の宇宙のように、収縮に転じもせず、飛び散りもせずのギリギリで平坦のままに膨張を続ける状況だからこそ、星が生まれ続けて、生命が生まれて、人間にまで進化できたとする考えもありえます。

逆に言うと、たまたま、そんなうまい具合にある宇宙だったからこそ、それを認識する人類が生まれたわけで、他の宇宙では、その宇宙を認識できるような知性を持った生命が進化できなかったので、この宇宙が奇跡的に平坦に調整されているのは当然なのだ、不思議ではないのだ、という議論も成り立ってしまいます。

こういうことを言い出すとキリがありません。「ダークエネルギー」と呼ばれる、宇宙に充満する謎のエネルギーの議論にしても、宇宙の始まりの頃は、今よりももっと密度が高かったので、物質のエネルギーも圧倒的に高く、ダークエネルギーなどはあってもなくても変わりませんでした。でも、今のようにどんどんと膨れていって、物質がチリチリバラバラになってしまうと、逆に物質のエネルギーは無視できて、宇宙は全部ダークエネルギーに満ちているという話になってしまいます。

しかし、観測的には、光やダークマター（宇宙に充満し、その重力だけは感じることができる謎の物質）を含む物質のエネルギーとダークエネルギーはほぼ同じような大きさで、数倍くらいの差しかありません。宇宙の始まりはものすごく小さかったので、ダークエネルギーと我々の知っている物質のエネルギーの差は何十桁も違うような話だったわけですが、それからどんどん物質のエネルギーが減るのに対して、ダークエネルギーはそのままなので、いつしか普通のエネルギーは圧倒的に小さくなってしまいます。

そして、我々はちょうどそれが交差しているところにいるという話になっているのですが、なぜそんな絶妙のタイミングに私たちは存在するのかという議論もあります。そして、そういうときだからこそ、生命が進化し、知的生命が生まれるのではないかといった議論もあり、どんな偶然もすべてそれが理由になってしまうのです。

太陽と月の大きさは、見かけはほぼ同じです。だから皆既日食が起こるのですが、それも不思議なことで、月は生まれたときはもっと近くにいたので、もっと大きく見えていたはずです。しかし、今はだんだん遠ざかって小さく見えるようになっています。

つまり、大きさが一緒になるのは一瞬なわけで、なぜ私たちがその一瞬の時期に存在するのかという議論においては、そういうときだからこそ、生命が高度に進化するのではないかといわれるわけです。もはや、こうなってくると何でもありになってしまいます。

ただ、見かけの大きさが同じということには意味があります。潮汐力、つまり地球の潮の満ち引きは、月の重力と太陽の重力によって引き起こされるため、大潮があったり小潮があったりするように、決して単調ではありません。太陽による潮の満ち引きと月による潮の満ち引きが重なって、混ざっているわけですが、潮の満ち引きを引き起こす潮汐力は、見かけの大きさに比例します。

見かけの大きさが同じということは、潮の満ち引きは、同じような波長の、2つのリズムが重なることで引き起こされているのです。月が圧倒的に大きかった時代は、月の重力によってのみ潮の満ち引きがあり、時間が経過して月の影響力が小さくなると、今度は太陽の重力のみの単調なリズムになります。この2つのリズムが重なることで起こる変動、ある種のダイナミズムがあるときに、生命は大きく進化するという議論があるのです。

これもまたとんでもない話ではありますが、まったくのトンデモ話でもないのです。実際、地球の生物の進化を見ると、大きな環境変動があったときに生物が進化しているというのは間違いない事実であり、何が原因かはわかりませんが、地球がガチンガチンに凍りついて生命が大絶滅した後に、猛烈な進化が起こっているのは確かなファクトなのです。

確かに言われてみると、平和な世界では何も起こらないのですから、生命の進化も起こりにくくなります。すべてがぐちゃぐちゃな状態でもやはり何も起こりません。ある種の周期性、正規的なレギュラーなものがありつつ、そこにちょっとした変動が加わるようなときに、生命だけではなく、物理現象としても非常にダイナミックなことが起こっています。つまり、レギュラーとイレギュラーが重なるときに、進化が起きているというのはまんざら嘘でもない話なのです。

まずは実証できるところから

地球外生命体、特に知的生命体の話をする際、「幾千の星々があるのだから、その中には地球と同じような環境もあり、同じような生命体も存在しているはずである」といった確率的な議論も出てきます。

そのパーセンテージにもよるのですが、宇宙にこれだけ地球と似たような星があって……という話になりますと、実のところ、天体として地球と本当に似たような惑星というのはまだ発見されていませんし、そういった天体を観測できるレベルには依然として達していません。

現在見つかっているのは、地球とはまったく異なる環境ではあるけれど、水とエネルギーと有機物はありそうな惑星だけであり、そこで同じように生物が進化していくとはなかなか思えない状況です。

一般の人が、観測できていない天体に知的生命体が存在すると考えるのはもちろん自由ですが、科学者としてはその立場に立つことはできません。科学というのは、実証できるかできないかが問題で、生命が存在する可能性があるからこそ探査も行われているのですが、ただ存在するという信念だけで探査するのはあまり科学的な態度とはいえないでしょう。

想像するのは自由ですが、それだとあくまでも個人の空想に終わってしまいます。それをちゃんと確かめて、人類みんなの共有の認識として進んでいくのが科学的な態度とするならば、まずは実証できるところから狙っていかなければなりません。

一足飛びに思考を飛躍して、宇宙人の話はできないのです。それだと単なる水掛け論になってしまい、いくら議論しても何も生まれてこないでしょう。科学はそれを捨てて、ゆっくりでもいいから、一歩一歩進んでいくのです。でも、その進んだところは必ず裏付けがされています。そうやって進んでいくのが科学なのです。もちろん、ときどき飛び出しても構いません。ただし、それはあくまでも空想であることを理解していないといけないわけです。

今はまだ不確かなことが実証される日は遠くない

そうなると、今後観測レベルが上がり、太陽のような恒星のハビタブルゾーンに地球のような惑星が見つかるまで議論は待つべきなのでしょうか。

実際に見つからなくても、データからある程度推測したり、途中までのデータをもう少し先まで続いていると仮定したりすることはもちろん可能です。これを外挿といいます。その分布を作っている法則が崩れてしまえば、その分布はそこまでとなりますが、同じ物理法則、同じプロセスが続くのであれば、その先を考えることは間違ったことではないのです。

これまでのデータから、「太陽くらいの恒星のまわりに地球のような惑星があるかどうか」と問われて、「たくさんあるでしょうね」と答えるのは、わりと自然なことであり、それが実際に発見されるまで議論してはいけないかといえば、決してそういうわけではないのです。

ただ、その惑星がどんな大気を持っているかという話になると、なかなか予測が難しく、外挿することもできません。惑星はあるけれど、地球と同じような大気組成かどうかはわからないのです。

大気の組成や海の有無、大気の量、そういったものがある程度合致していない状況で、地球と同じような星があるという議論が成り立つかといわれると、それはまだ何とも言えません。

いろいろなことを語るのはいいことですし、一般の人にそういった興味を持ってもらうことは非常に重要なのですが、科学者の立場としては、「それはそうかもしれないけれど、それが100パーセント確かかどうかわかりません」としか言えないわけです。

とはいえ、技術的な進歩はすごく速いので、あれよあれよという間に、その観測も可能になると思います。そして、今の技術レベルにおいてもまったくできないというものではなく、かなり近づいているので、ちょっとした工夫で見つかる可能性も少なくないのです。

系外惑星の発見に関しても、温度の変化を抑える、光ファイバーを使うなどの細やかで地道な努力の積み重ねによって、精度が一気に上がりました。系外惑星が見つかってからはまだ日が浅いため、トライしていないことがたくさんあります。ちょっとしたアイデアで大きなレベルアップが起こる世界なので、今はまだ不確かなことが実証される日は決して遠くないかもしれません。

大発見に対する科学の姿勢

最後になりますが、大発見というものは、後になって否定されていることが多いので、すぐに飛びついて持ち上げるというのは、決して正しい姿勢ではありません。

しかし、誰かが何かを発見したと言わないことには、何も始まらないのです。

もちろん、故意に嘘を流すのは最悪の行為ですが、もし何らかの新しい発見があった場合は、それが100パーセント証明されていないことであっても、発表すること自体は善とされています。

だから、大発見といって発表して、それが後になって否定されたとしても、発表を行った人は、そのことで評価を落とすことはありません。そして大発見に対して最初は必ず批判が加えられますが、その批判がないと検証も進まないため、もしその発見が本物であることが証明されても、批判を加えた人がそのことをもって批判されることもありません。批判に対して検証を重ねることで、その発見が確かなものになるからです。

科学における発表とはそういうものだということを理解していると、ニュースの見方も変わってくるかもしれません。あくまでも発表は可能性であり、その検証には時間が掛かるのです。

研究者の立場もなかなか厳しいものになっていて、短期間で成果を上げないと次に進めないという状況にあり、本来は検証を重ねながらゆっくりと進まなければいけないところを、どうしても先走ってしまいがちになります。そこで徐々に科学に対する真摯な気持ちが薄れてしまい、意識してかどうかは別にして、捏造のようなところに向かってしまうことだけは絶対に避けなければいけません。

ですが、科学的に真摯な態度のもとに、その時点でも最善を尽くした研究結果は、たとえ後になって間違っていたと判明しても、非難はされません。それがないと先には進めなかったからです。科学とはそれの繰り返しなのです。

地球外生命体に関する研究においても、そのような繰り返しが続くかもしれません。しかし、行ったり来たりを繰り返しながらも、気がつけばずいぶんと高い嶺にたどりついているということになるのではないかと期待します。

おわりに

「一夜にして変わる」という言葉がありますが、1995年のペガスス座51番星の系外惑星の発見はまさにそれでした。

この発見によって、堰を切ったように多彩な惑星がどんどん発見されるようになり、2003年には発見数は100個を超え、2010年には500個、2017年には3500個を超えました。

1995年までは、惑星系と言えばイコール太陽系であって、たったひとつの私たちが住む太陽系の姿を詳細に議論することがすべてだったのが、無数に存在する多様な惑星系を、それぞれのタイプごとの存在確率をふまえて、一般性や特殊性、必然と偶然を峻別しながら考えるということに変わりました。研究のアプローチの仕方が全く別物になってしまったのです。

世界でも惑星形成理論や系外惑星探査を専門にしていた研究者は少数しかいな

いマイナーな研究分野だったのですが、若手研究者が多数流れ込み、予算もどんどん投入される注目分野へと一気に変貌しました。この変わりっぷりは専門の研究者であってもついて行くのが大変で、あまりのすごさに、当惑というよりは爽快感すら憶えます。

そして、系外惑星の発見は天文学に革命をもたらしたというだけではなく、地球外生命体に対して検証可能な場をもたらしたのです。検証可能である以上、科学の範疇であり、地球外生命体の議論を正々堂々としてよいのだということになりました。地球外生命体の科学的議論の100年にわたる封印が解き放たれました。天文学者たちは、ある種の興奮状態に陥ったように、議論を再開したのでした。

そして2005年、土星の衛星エンケラドスの近くを通りかかった探査機カッシーニは、エンケラドスの表面からの水の噴出を偶然発見し、エンケラドスの地下に海があることが確実になりました。木星の衛星エウロパにも地下海があるはずです。いくつもの火星探査機は、過去の火星の表面に水があったということをほぼ確実にしました。そこには生命がいるのではないか？　少なくとも、いたのではないか？　そこに行ったら実証できるのではないか？　観測できてなんぼ、実証できてなんぼの科学者にとって、強烈なモティベーションが生まれ、それにともなって、生命とは何かという議論が急速に活発になりました。

生命存在の条件を地球に囚われずに根本的なところまで突き詰めていきました。その議論の結果、衛星の地下海もその条件を満たすかもしれないという話になりました。

赤色矮星のハビタブルゾーンで地球サイズの惑星も発見されました。このような惑星の環境は地球環境からはかけ離れたものと予測されますが、衛星の地下海にくらべれば想像しやすいくらいです。

どんどん発見が続くものを追いかけているうちに、それまでは地球や地球生命のイメージに縛られていたのが、いつのまにか解けていました。今後もすごい発見が毎年のように続いていくことでしょう。私たちの生命に関する概念はどのように変わっていくのでしょうか。ときどきメディアに現れるニュースはこういう流れの一環です。その背景や流れを知ってもらって、今後もニュースが流れるのを楽しみにしてもらえばと思います。

最後に、マイナビ出版の田島孝二さん、編集の糸井一臣さんに感謝したいと思います。第1章～6章は、お二人に授業のように私がお話ししたものを原稿に起こしていただき、それを元に大幅に加筆修正させていただきました。このような形式で作ったことで、とかく難しくなりがちな内容が、わかりやすくなったのではないかと期待します。

●著者プロフィール
井田 茂（いだ・しげる）
東京工業大学・地球生命研究所(ELSI)・副所長・教授。東京生まれ、京都大学物理系卒、東京大学大学院地球物理学専攻修了。専門は惑星形成理論だが、ELSIの研究目標は地球と生命の起源、宇宙の生命なので、アストロバイオロジー研究も行う。著書に「系外惑星と太陽系」（岩波新書）、「地球外生命」（岩波新書、長沼毅氏と共著）、「スーパーアース」（PHP新書）、「異形の惑星」（NHK出版）など多数。

マイナビ新書

地球外生命体
実はここまできている探査技術

2017年12月31日 初版第1刷発行

著 者 井田 茂
発行者 滝口直樹
発行所 株式会社マイナビ出版
〒101-0003 東京都千代田区一ツ橋2-6-3 一ツ橋ビル2F
TEL 0480-38-6872（注文専用ダイヤル）
TEL 03-3556-2731（販売部）
TEL 03-3556-2736（編集部）
E-Mail pc-books@mynavi.jp（質問用）
URL http://book.mynavi.jp/

装幀 アピア・ツウ
編集 田島孝二（マイナビ出版）
糸井一臣
DTP 富宗治
印刷・製本 図書印刷株式会社

 ISBN978-4-8399-6517-4
Printed in Japan